Erpresserischer Stil und erpresserische Art in der deutschen Gegenwartsliteratur

Stichworte zur journalistischen Ethik

Zwei Broschüren sowie Verrisse

Gleichzeitig ein Kommentar zur Rezeption von Überwachungs- und Zukunftstechnologien im Ermittlungskontext in der deutschen Presselandschaft seit 2003

Marco Bsondermann

Erpresserischer Stil und erpresserische Art in der deutschen Gegenwartsliteratur

Stichworte zur journalistischen Ethik

Zwei Broschüren sowie Verrisse

Gleichzeitig ein Kommentar zur Rezeption von Überwachungs- und Zukunftstechnologien im Ermittlungskontext in der deutschen Presselandschaft seit 2003.

Marco Bsondermann

2013-2017 (nicht als Hauptbeschäftigung)

Erpresserischer Stil und erpresserische Art in der deutschen Gegenwartsliteratur, Stichworte zur journalistischen Ethik, Zwei Broschüren sowie Verrisse

Selbstverlag als BoD bei www.lulu.de
ISBN 978-0-244-02049-1

2017, Pseudonym, München.
Kontakt, für die/ den, die/ der muss: Ich betreibe folgende anonyme E-Mail-Adresse: lese.lacy@gmx.de

Designt mit Open Office 4.1.2. gesetzt aus der Berlin Sans FB 10 pt. und der Times New Roman 10 pt..
Additive Rechtschreibprüfung mit Winword.
Druckvorstufe (PDF) mit Open Office.

Cover: "Touristenfalle Florenz".

Inhalt

Zehnter Unterteil: Verrückte Abgründe (theoretisch), weitere seltsame Erlebnisse mit Mitgliedern der Merkelbriefgruppe

10.1. Zufall oder Anspielung und/ oder Bedrohung? Und so etwas von bzw. über den prominenten Literaturfunktionär Krüger Michael

10.2. Zufall oder Anspielung und/ oder Bedrohung (2) oder ein Hörigmachungsversuch, der Arztsohn?

10.3. Machen Ihre Redakteure so etwas absichtlich, Herr Chefredakteur L.?

10.4. Selbstreflexivität

Elfter Unterteil: Andere Möglichkeiten

11.1. Internationaler Aspekt

11.2. Oder aber "Proliferation"?

11.3. Oder aber: Ein Stilplagiat?

11.4. Staatsknete (falsch, "öffentliche Gelder")

11.5.

Erster Teil: Öffentlicher Druck

1.1. Über ein besonders illegitimes und niederträchtiges Beispiel öffentlichen Drucks in der hamburger "Zeit"

1.2. (siehe II.)

Zweiter Teil: Ein notwendiges Dementi zu "Hypnosewaffe und Traumatisierung"

2.1. Zwei Dementis zur Hypnosewaffe

3.1. Ordentlichere Themenbesetzungen, Beispiele

3.2. Man klaue ein Thema

3.3. Umgekehrt, literarische Rhetorik in der Politik ist auch dumm

3.4. Varianten zu "ein Thema besetzen"

3.5. Wie wird meine Geschichte geklaut werden, wie asozial?

3.6. Das Opferbuch, materialistische und emotionale Interessen

3.7. Der Filter

Vierter Teil: Unlauterer Wettbewerb

4.1. Tendenzen unlauteren Wettbewerbs bei Böhmermanns verboten wordenem Erdogan-Gedicht

4.2. Eine eigene "Schmähkritik"-Definition

4.3. Böhmermann und das Schaf (und der Hund)

4.4. Der Schweinsteiger-Nazipuppenverlag aus Köln

4.5. Überlegung zu Notwehrrechten bezüglich meines Hypnosewaffenproblems, erster Teil, minimal

Fünfter Teil: Hochmanipulative linguistische Techniken aus der Markt- und Werbepsychologie, Hänselei

5.1. Vier Anarchiedefinitionen und zwei (von Zeh und Trojanow), die ich nicht anerkenne

5.2. Verkaufszahlen und Kriminalitätsvorwürfe

Sechstens: Weggelassen, herausgestrichen

6.1. "Mord durch Unterlassen"?

6.2. Vielleicht will der Mediengroßkonzern M den Mord?

6.3. Selbsthilfe und Notwehr gegen "Paranoiker" oder "Psychotiker"

6.4. Klassischer Konkurrenten-Rufmord (an u.a. mir)

20010911
19330130

lese.lacy@gmx.de

I. Vorbemerkung des unglücklichen Verfassers über Umstände und Probleme bei der Entstehung des Werks

1.1. Ursache, Meinung des Autors zu dieser Broschüre
Pflichtpublikation.
Für mich gilt als erwiesen: Die Existenz einer gewalttätig eingestellten funkbasierten Neurohypnose-, Hypnose- und Datenwaffe an und in meinem Körper, sowie in meiner Wohnung, nicht nur, an dem Ort, an dem ich mich befinde. Seit vielen Jahren, demonstrativ kriminell eingestellt (... aaO). Darüber habe ich rund 750 Buchseiten publiziert, (ISBN 9781326027742, ISBN 9781326410117), die ich nicht gewillt bin und kaum gewillt sein werde, zurückzunehmen. Ich bin nicht Galileo Galilei und die Menschheit hoffentlich deutlich weiter als damals.

1.2. Für mich gilt als wahrscheinlich
Ich werde noch eine Broschüre herausgeben müssen zu Literatur und Justiz, zum ‚erpresserischen Stil', diesmal eine anklagende Broschüre. Müssen aufgrund wiederkehrender so gerichteter Hypnosewaffengewalt gegen mich. Noch eine, nach einer Broschüre mit dem Titel „Revisionsansinnen bezüglich des „Esra"-Verbots und Revisionsansinnen bezüglich weiterer darauf folgender derartiger fragwürdiger Urteile". Der dortige Klappentext schildert gewalttätige Umstände:

> „Zustand des Autors: Desolat. Cerebral neurohypnosewaffenverursacht eingeschränkt (divers – auch das Sprachzentrum, der Wortschatz, die Rezeptionsfähigkeit, das seit vielen Jahren), erschöpft, unwillig, gedankenkontrolliert, elektroschockartig terminiert, stimuliert, wahrscheinlich neurohypnosewaffen-verursacht betrunken."

Danach werde wahrscheinlich wieder ein Teil der Hypnosewaffengewalt weggeschaltet, so die erfahrungsgewirkte Hoffnung. Werde das gewalttätige Hypnosewaffenendlosband um die entsprechenden Inhalte gekürzt, vielleicht ganz weggekürzt werden. Die Hypnosewaffe kann, so weit ich weiß, mit Hilfe ihrer vielen Daten über mich meine theoretischen Texte antizipieren, zumindest primitive Vorformen derselben. Die sind dann plärrend lauter Teil der mir angetanen Gewalt, wiederkehrend. Die Hypnosewaffe liest aber auch alle meine Texte, noch so unfertigen Texte, Notizen, und kann diese dann verwenden.
Ich habe diesbezüglich eine begrenzte Sichtweite.
Ich habe keine Wahl, keine wirkliche Wahl. Sehr wenig Optionen. Glaube, dieser Text werde qua Design des Hypnosewaffenalgorithmus' aus mir herausgehauen werden.

Ich lehne beide Seiten als illegitim ab, die, die mich so benutzt, und die, auf die ich so gehetzt werde (Die "Merkelbriefgruppe", wie sie bei mir heißt).

1.3. Müssen

Aufgrund meiner Zeitungslektüre bin ich zu einer Sicht auf die Justiz gekommen, zu einer Befürchtung, dass die Justiz manchmal eine sehr strikte Vorstellung vom "Müssen" hat. Das Leben sozusagen mit einem zivilrechtlichen Vertragsverhältnis verwechselt. Demgegenüber: Es gibt auch ein soziales Müssen. Es gibt Zwischenstufen zwischen Wollen und Müssen.

Ich müsste längst Geld und eine Rente verdienen. Ich müsste längst eine Familie gegründet haben.

Ich muss dringend diese Hypnosewaffengewalt ausgeschaltet bekommen.

1.4. Interpretation der Ursache der Hypnosewaffenaktivität

Entweder...

1.4.1. Der Staat, ich gehe vd BRD aus, ist mir gegenüber kriminell.

oder?

1.4.2. Ja, oder? Jemand behauptet sinngemäß etwas wie das Folgende, darf behaupten: Behauptet Gemeingefährlichkeit, die angegriffen werden müsse. Das, was hier beschrieben wird, müsse beschrieben werden, einzeln oder alles zusammen (was fällt mir sonst ein, demgegenüber, wieso nimmt diese Obrigkeit sich das heraus?), weil:

1.4.2.1. "Erpresste Menschen bringen-brächten sich zu einem signifikanten Prozentsatz um" ist ein Allgemeinplatz. Es ist (etwas) als gemeingefährlich identifiziert worden. Oder haben-hätten eine erhöhte Fehlerquote, was gefährliche Fehlleistungen angeht.

1.4.2.2. Die Konkurrenz der Autorin Zeh hat es irgendwie so verurteilen lassen, besteht darauf, dass gegen deren schmutzige Tricks vorgegangen werde.

1.4.2.3. Der Staat müsse mich selbst sozial isolieren, das sei weniger kriminell, als wenn es diese Privatpersonen machen würden, die es sonst machen würden, die dabei noch illegitimen Profit in mehrfacher Hinsicht (Geld und Bekanntheit) daraus ziehen würden.

oder etwas Ähnliches, auch in Kombination.

1.4.3. Ich selbst, wiederhole ich, habe gar keine feste Meinung in der Sache, insbesondere inwieweit der zweite Teil der obigen kurzen dialektischen Erörterung eklatant genug wäre. Ich habe die feste Meinung, eine Hypnosewaffe ausschalten zu müssen. Siehe auch Punkt 1.6.

Doch, so weit habe ich eine Meinung: Ich finde beide Seiten illegitim, die, die mich so benutzt und die (die "Merkelbriefgruppe"), auf die ich so gehetzt werde.

1.5. Arbeitstempo, Art

Zuletzt bedächtiges Arbeitstempo. Zu schnell würde ich bereuen, da fehlte dann zu viel.

Art der Arbeit: Ca. 3̶0̶ 70 Dateien sortieren und/ oder die darin enthaltenen Stichpunkte ausarbeiten. Alle paar Wochen fällt mir ein neuer Aspekt oder Begriff zu der Sache ein, zuletzt „billig/ unbillig" (juristisch).

An die Gewalt die mir nach wie vor angetan wird, habe ich mich anscheinend, schrecklicher Weise gewöhnt. Und ihr gegenüber resigniert.

Andererseits werde ich gebremst. Heute Früh (20160111), wo ich mit der Erstellung des Enddokuments begann, wurde mir die Arbeit nach kurzer Zeit abgebrochen, das schon zwei Mal.

Gerade, es ist kurz vor 8, wäre ich fast Milch kaufen gegangen. Ich brauche jetzt keine Milch. Wieder nicht frühstücken dürfen: Nur ein Glas Orangensaftschorle und einen dreifachen Espresso mit Milch. Jetzt noch ein dreifacher Espresso. An die selbstgekochte Marmelade gedacht. Die ist fern! Fern und unerreichbar qua der mir angetanen Cerebralblockiererei. Zwar ist die Marmelade (wie die Milch) im Kühlschrank, aber fern!

Gebremst-terminiert: Wird der Publikationszeitpunkt wieder vd Hypnosewaffe terminiert? Kann gut sein.

20170307: Ergänzungen um Texten und Diskussionen zu "Hypnose", "(Mord durch) Unterlassen", "Trittbrettfahrer?", "Raubmordversuch-literarisch" geplant.)
20170613: Die Broschüre wäre schneller erarbeitet deutlich schlechter geworden, auch was die Terminologie angeht.
20170711: Noch viele neue Texte angefertigt, die alten genügten nicht.

1.6. Meinung des Autors zum literaturwissenschaftlichen Teil seiner Broschüre
2013 habe ich noch meine eigene, wenn auch tendenzielle, spontane Meinung veröffentlichen müssen.
Heute ist es nicht einmal mehr wirklich meine eigene Meinung, die ich veröffentliche - ich würde so weit nicht gehen. Ich habe aber andererseits eine begrenzte Sichtweite. Ich muss zur Zeit davon ausgehen, dass diese Meinung irgendwo existiert und eine Berechtigung hat, oder andererseits genügend Macht hat.
Die Meinung, dass der erpresserische Stil und die erpresserische Art (die ich da schon selbst sehe) ein Verfahren nötig haben, dass dagegen vorgegangen werden muss.

Sehr beschämend.

1.7. Weitere Distanzierung von diesem Text hier
Zu bedenken sind auch noch die Aspekte:
Übertragung, Schuldübertragung.
Übertragung als schlechtes Benehmen.
Schuldübertragung ad Autor.

Die Aspekte als unerwünscht, fehlerhaft selbstverständlich zu bedenken.

1.8. Weitere Editionsprinzipien a priori
Verdachtsberichterstattung.
Eine dialektische Erörterung ist was Besseres als ein „Essay".
Verriss.
Fehleranalyse.

Unwillig!
Unwillig: Ach, die psychoanalytische Theorie der menschlichen Abgründe ist fatalistisch! Arschlöcher sinds halt.
Persönlich bin ich resignierter psychoanalytischer Stoiker, glaube ich, denke ungefähr: Die Welt ist wie sie ist, Abgründe lauern in jedem, schlecht, der Mensch ist ein Raubtier, schlecht. Und ich würde nichts machen.

1.9. Neue Beschreibung der Hypnosewaffenaktivität 201604xx

Ich war jetzt (~ 20160420) noch einmal im Ausland gewesen. Habe gewartet, um zu sehen, wie sich dadurch die plärrend laute funkbasierte Hypnosewaffe, die mir reingehauen wird, modifiziert, dort modifiziert sie sich meistens etwas.

Ich durfte viel wie noch (fast) nie seit Beginn dieses Hypnosewaffendesigns "bei" mir, das war 200702 oder 200703 gewesen, frei lesen im 201604, in *, einer museumsreichen Stadt im Ausland, erst am letzten Tag drehte die Hypnosewaffe ihre Gewalt wieder hoch, kam wieder an mit der *eingeschränkten Rezeptionsfähigkeit-Text*, wie das in meiner zur Hypnosewaffe entwickelten Terminologie heißt, und blockierte mir zeitweise die Lektüre, überspielte sie mit dem "Verfahren", wie das bei mir heißt, zwang mich, nichts anderes wahrnehmen-verarbeiten zu können als ihr zielgerichtetes Geplärre. Das Buch, das ich lesen wollen würde, kann ich dann nicht mehr wahrnehmen-verarbeiten, sitze paralysiert davor. Kann nicht einmal mehr umblättern, können im Sinn von Wahrnehmung und Willensfreiheit übrig haben, bis ich es dann aufgebe.
Wenn man das oft genug wiederkehrend mit mir macht, habe ich nicht mehr viele Optionen.

Ich hatte lesen dürfen, also habe ich Hoffnung. Also muss ich die Sache, das "Verfahren", das eine Broschüre werden wird, jetzt durchziehen.

~~Kern des Verfahrens sind je ein Artikel aus SZ und Zeit, von denen ich je eine Rotstiftkorrektur angefertigt habe. Die sind auch unlauterer Wettbewerb (plus x). Aber die Merkelbriefgruppe gehört wahrscheinlich auch zum "Verfahren".~~
20160804, Verbesserung: Die Merkelbriefgruppe ist der Kern des Verfahrens.
20160804: Die Merkelbriefgruppe ist der Kern des Verfahrens. Zumindest in Deutschland. Vielleicht ändert es sich wieder, wenn ich den Ort wechsele.

Kapitelchen verfasst im Wesentlichen ~201604xx, geringfügig übb. 20160804.

1.10. Mein Gedächtnis
Selbstkritische Anmerkung und Bitte um Vorsicht beim Lesen:
Eigentlich weiß ich, dass mein Gedächtnis unsicher ist, und ich nicht aus der Erinnerung zitieren sollte, weil alte Erinnerungen fehlerhaft sein können. Es lässt sich aber manchmal nicht vermeiden, ich war wohl kaum auf so etwas vorbereitet gewesen; habe jedenfalls kein Archiv angelegt. Zusätzlich wird mein Gedächtnis vd Hypnosewaffe sabotierend manipuliert.
Gleichzeitig Cerebralblockaden von außen. Wenn ich beispielsweise beim Schreiben gerade wissen darf, dass es in der Sprache einen Konjunktiv (usw.) gibt, dann ist das ein Glücksfall. Ein Graus ist das.

1.11. Anordnung der Texte.
Überhaupt nicht chronologisch (nach Entstehungsdatum).

1.12. Additive Leseanleitung, eine zweite Spalte, Lesebuchartigkeit
In einer zweiten Schriftart (Times New Roman) kommentiere ich mitunter auf der rechtsliegenden Buchseite noch einmal protestierend den eigentlichen Text auf der linken Buchseite.
Datumsformat: JJJJMMTT.

1.13. Mein armes Gehirn

20170703: Meine Sätze sind teilweise nach wie vor ganz grässlich und verdreht, nicht das, was vorne stehen soll (hahaha!), steht vorne usw..

Ein Hypnosewaffensymptom. Hypnosewaffenoktroyierte grässliche Sätze, ich werde getrieben und bestimmt und blockiert usw.
Das war früher noch viel krasser gewesen, siehe SulL 1, Vorbemerkung.

1.14.
20010911

2. Wiederholte Distanzierung von diesem Textkonvolut hier, Einführung einer zweiten Spalte

Ich weiß es auch nicht.
Freiwillig publiziert so etwas keiner.
Freiwillig habe ich zu dem Sachverhalt nie etwas gesagt, auch bspw. 2006 nicht, da auch unter Hypnosewaffengewalt.
Im natürlichen Zustand traut sich das niemand. (Schon gar nicht ohne Gewinnerwartung, macht man das nicht).

Unter Schmerzen schreibend verändert sich eines Autors Stil. Sätze werden kürzer, die Terminologie grobschlächtiger.
Hypnosewaffe analog und verschärft.

Ich weiß, was Schmähkritik ist, so eine Scheiße.

Ich armer Depp.

20010911.

So etwas Demütigendes!

Ich hab über das Zeug jetzt nicht noch einmal nachgedacht, so schlimm wirds schon nicht sein.
Gültig sind die Versuche 1 und 4.

Ich glaubs mir ja selbst nicht-kaum.
Ich will das nicht machen.

Das ist das Allerpeinlichste, was ich bisher publiziert habe. Das bisher ist auch peinlich, aber das ist das Allerpeinlichste. Publizieren musste.

Ich bin auch in einer Situation, in der ich ganz schlecht etwas weglassen kann. Sonst lasse ich am Ende genau das Falsche weg.

Schneid' das Zeug hier hinten bloß rechtzeitig ab. Nicht dass da wieder so ein wirr wirkender, fehlerhafter Wurmfortsatz dranhängt. Wenn ich das Zeug aus Sicht der Hypnosewaffe zu früh hinten abschneide, dann wird sie eine zweite erweiterte Auflage aus mir heraushauen. Das werde ich dann ja sehen.
19330130.
Schneid' das Zeug hier hinten bloß rechtzeitig ab., Du armer Idiot. Halt bloß Deinen Mund.

Vielleicht sollte ich als letztes Zeichen meines Protestes noch einen absichtlichen "Tippfehler" auf den Umschlag layouten, "erpresserischer Stuhl" osä..

Ich lehne beide Seiten als illegitim ab, die die mich so benutzt, und die, auf die ich so gehetzt werde (Die "Merkelbriefgruppe", wie sie bei mir heißt).

II. Erpresserischer Stil und erpresserische Art in der deutschen Gegenwartsliteratur

Erster Versuch: Definition des erpresserischen Stils und der erpresserischen Art

1.1. Definition und Beschreibung des „erpresserischen Stils"

Zu meinem Glück, mir meine Argumentationslinie deutlich vereinfachend, wurde beim Bachmannwettbewerb 2015 ein diesbezüglich exemplarischer Text vorgetragen.

In dem Text („Recherche") einer Autorin Gomringernora spielte die Hauptrolle eine Autorin namens Bossongnora. Gleichzeitig existiert eine bekannte Autorin mit dem Namen Bossongnora.

Die Autorin Bossongnora sah sich auch prompt veranlasst dazu öffentlich etwas zu sagen, was ihr auch nicht schwer fiel, sie darf einen Blog auf zeit.de betreiben. Im Rahmen derer „Freitext"-Reihe.

Musste Bossongnora etwas sagen? Ich würde sagen, ja, irgend etwas muss man da sozusagen sagen, ein soziales, psychologisches Müssen (kein zivilrechtlicher Vertrag natürlich, sehr geehrte Juristen, kein solches Müssen). Steht zumindest unter psychologischem Druck.

Was sie gesagt hatte, war ziemlich dämlich gewesen, dass sie gerade nackt sei und so weiter. Sie hätte ja auch eine Broschüre über erpresserischen Stil machen können, dann wäre vielleicht-wahrscheinlich diese Hypnosewaffe ausgeschaltet, zumindest so weit ausgeschaltet, dass ich nicht mehr dazu gezwungen werde.

Bezüglich der Hypnosewaffe hat die Zeit übrigens auch vollumfänglich versagt, hab' ich auch etwas in der Schublade.

Erpresserischer Stil ist es also dann, wenn unbeteiligte, vorkommende Personen, sich veranlasst sehen, etwas sagen zu müssen. Das kann billig sein, wie in diesem Fall. Billig/ unbillig im juristischen Sinn: [...].

Um noch einmal klarzustellen, dass ich nicht den Bachmannpreistext der Gomringernora angreifen will: Plakativer, überdeutlicher, demonstrativer erpresserischer Stil. Parodistisch und aufklärend. Ob selbiges auch intendiert war, weiß ich freilich nicht. Interessiert mich auch nicht.

1.2. Erpresserische Art, moralisch fragwürdige Verwendung des erpresserischen Stils

Erpresserische Art im Zusammenhang ist dann ein persönliches notorisches so gerichtetes Verhalten. nichtmoralisch motiviert.

1.3. War Bossongnora ein geeignetes Ziel, die Bösewichte in dieser Broschüre sind..., geht das auch fieser...

Ja, Bossongnora war ein geeignetes Ziel. Sie wird von mir einer Autorengruppe zugerechnet, die von Absolventen des Literaturinstituts Leipzig dominiert wird, gegen die ich hier gewisse Vorwürfe, Kritik und Ablehnung äußern muss, und die bei mir „Merkelbriefgruppe" geschimpft wird.

Geht das auch fieser? Ja, bestimmt.

Blöderweise Vorwürfe erheben muss, das ist ja alles so beschämend.

Bossongnora als Anhängsel der Merkelbriefgruppe wäre sozusagen genau das richtige Subjekt, um erpresserischen Stil zurückzudemonstrieren.
Beziehungsweise, geht das auch unauffälliger und fieser? ja, bestimmt.

1.4. Bossongnoras Leistung bei der Analyse des erpresserischen Stils
Ungenügend.
Vielleicht-wahrscheinlich müsste ich diese Broschüre nicht mehr schreiben, wenn sie eine ordentliche Analyse des erpresserischen Stils im Anschluss an diesen Bachmannwettbewerb vorgelegt hätte. Vielleicht-wahrscheinlich wäre die Hypnosewaffenaufgabe dann aus Sicht der Hypnosewaffe ausreichend gelöst worden.

Wenn ich ausfalle, ausfallen sollte. Die Hypnosewaffengewalt ist sehr belastend. Dann würde vielleicht ersatzweise Bossongnora wieder und weiter mit erpresserischem Stil gequält werden - bis sich herausstellte, dass es doch irgendwie gefährlich sein kann.

1.5. Schlagworte für Angriffe auf den erpresserischen Stil.
Billig/ Unbillig.
Man erpresst, thematisiert zu werden.
Instrumentalisierung.
(...)

1.6. Schnitt

Schnitt! Schluss. So geht das nicht. Ende des ersten Versuchs.

1.7. Quellen
Nora Gomringer "Recherche" (Internet-Download (.pdf) von der Bachmannpreiswebsite, private Sammlung), wahrscheinlich noch im Internet auffindbar.
Nora Bossong: "Wie ich den Bachmannpreis gewann".
http://www.zeit.de/freitext/2015/07/05/bachmannpreis-nora-gomringer-nora-bossong/
(wahrscheinlich noch im Internet auffindbar)

Freiwillig macht das kein Mensch.

Freiwillig mache ich das nicht.

Im natürlichen Zustand traut sich das niemand. (Schon gar nicht ohne Gewinnerwartung, macht man das nicht).

Die Formulierung „erpresserischer Stil und erpresserische Art" ist von mir. Hat ziemlich lange gedauert, bis ich auf die gekommen bin, gefällt mir auch nach wie vor. Aus der Hypnosewaffe kam „Raubmordversuch, der Raub hat stattgefunden", siehe Unterpunkt vier.

Zweiter Unterteil: "Hörigmachung", hat als Hörigmachungs-versuch gewirkt

2.1. Nachträgliche Selbstauskunft, "Hörigmachung"

Der Roman R ("Spieltrieb" von Juli Zeh) in Kombination mit dem öffentlichen Diskussionsverhalten meiner früheren Mitschülerin T, meiner Klassensprecher-kollegin, im Jahr 2004 ungefähr, hat nun einmal wie gerade in Versuch 1 geschildert, erpresserisch, bzw. als Hörigmachungsversuch gewirkt. Über eine signifikante Anspielungshäufung, die sich im Privatleben fortsetzte,

Höriggemacht wäre ich in dem Sinn sonst geworden, dass ich meine eigentliche, bisherige Meinung ("schlechter Roman, über den ich nichts sagen will") aufgebe und entgegen dieser den Roman R scheinheilig öffentlich belobhudele. Die T. macht so etwas eher. Kann das auch ganz gut. Ich bin aber so ein Journalistentypus, der sich nicht verbiegen lassen will. Anstatt mich hörig machen zu lassen, wurde ich sauer und ging und setzte T auf 0% (null Prozent) Vertrauensstatus.

Und hatte halt zwei Freunde weniger, die letzten beiden Freunde so ungefähr, so gut ging es mir damals nicht. Und war nicht in der Lage, mich zu artikulieren. Erst Jahre später schrieb ich den beiden noch einen langen Brief. Die originale Schilderung des damaligen Vorfalls, war sogar heute noch 20170623, versteckt auf meiner Website.

Dass Ts. Verhalten irgendwie seltsam induziert, war, kein Vorsatz, davon gehe ich auch noch, dann, wenn es kein riesengroßer blöder Zufall gewesen war, tendenziell aus. Aber was weiß ich. Aber bei 0% bleibe ich.

(Eine Anspielungshäufung, aber noch in Kombination mit meinem vorangegangenen (aber legitimen) Verhalten, 2004 eine unverlangte Einsendung an den Frankfurter S-Verlag zu schicken; im individuellen Anschreiben stand auch etwas über die Hypnosewaffe, so weit ich mich erinnere, aber nur im Zusammenhang mit einem Nebenprodukt wohl, die vermutliche Hauptsache (Sonderermittlungsgerät Biller) traute ich mich damals noch nicht, so zu erzählen).

Der theoretische psychologische Mechanismus ist durch Nora Gomringer sozusagen transparent gemacht worden, siehe erster Versuch. Danke.

Durch das nachträgliche Verhalten der Romanverfasserin (Merkelbriefe bspw., ein anzuzweifelndes Lauschangriffsbuch ("Angriff auf die Freiheit") wird Vorsatz wahrscheinlich(er). Ich hätte meines Erachtens einen Lauschangriffsbuchvertrag zum selben Zeitpunkt übrigens dringend nötig gehabt.

Freiwillig hatte ich zu der Sache aber nie etwas gesagt. ist mir viel zu riskant. Juristin ist die Romanverfasserin auch noch; so dass man eine Art Juristen-Spezlwirtschaft zu ihren Gunsten, ein Jurist werde im Gericht vom Kollegen deutlich bevorzugt behandelt, befürchten will. Ein Beispiel fände ich glaube ich in der Presse.

(Siehe auch die Punkte weiter unten [...] "Kann wirken als...-Liste" und "Stochastische Abschätzung".

Immerhin eine Tatsachenbehauptung. Autobiographisch auch noch. Freiwillig mache ich das trotzdem nicht.

Freiwillig habe ich zu dem Sachverhalt nie etwas gesagt, auch bspw. 2006 nicht, da auch unter Hypnosewaffengewalt.

Meine autobiographischen, und trotzdem wissenschaftlichen, Lauschangriffsbücher heißen übrigens:

Sie und Ihr Lauschangriff (Neurohypnose-, Hypnose- und Datenwaffe), von Marco Bsondermann, Paperback, 456 Seiten, Preis: 24,90 €, ISBN 9783000384127 oder ISBN 9781326027742, (book on demand).
Selbst erlebt. „Ich habe eine Satelliten-(?) Funkpeilung mit Berieselungs- Funktion (Hypnose, Elektroschocks, Gedankenkontrolle, Lärm; optionaler Lausch- und Filmangriff) im Körper. [Ich armer hypnotisierter Depp. Mein armes Gehirn]" (Standardformulierung, „Schicht 5" der Hypnose- und Datenwaffenbeschreibung).

Sie und Ihr Lauschangriff 2 (immer noch Neurohypnose-, Hypnose- und Datenwaffe), von Marco Bsondermann, Paperback, 298 Seiten, Preis 18,90 €, ISBN 9781326410117.

2.2. "Seelenmord"
Ein alter, drastischer Begriff aus ungefähr der (grob geschätzt) 1070er-Jahre Psychologie, der irgendwie zu "Hörigmachung", "seine eigentliche Meinung aufgeben" passt.

2.3. "Falsche Freunde" als abgelehntes Argumentationsmuster.
Für den nicht ausschließbaren Fall, dass für obiges Vorsatz zugegeben wird, man aber so argumentierte, dass die beiden sowieso keine guten sondern eher "falsche Freunde" ("falsche Freunde" ist ein geflügeltes Wort in München, da gab es 20+x Jahre lang eine Kolumne unter selbigem Titel im "In-München") gewesen seien, würde ich trotzdem strikt ablehnen.
Das würde ich trotzdem selbst entscheiden wollen, wann ich mich von wem trenne/ distanziere. Außerdem wäre ich für die T. und die Behörde, für die sie arbeitete, noch ziemlich exklusiv interessant geworden (Notiz machen, weswegen!).

Dritter Versuch: Hypnosewaffe versus Anspielungshäufung versus soziales Umfeld

3.1. Sorgfalt
Ich habe jetzt extra gewartet, bis ich noch einmal noch einmal im Ausland gewesen war, um zu sehen, wie dadurch die plärrend laut und gewalttätig eingestellte funkbasierte Hypnosewaffe, die mir reingehauen wird, sich dort modifiziert. Dort modifiziert sie sich meistens etwas.

Ich durfte viel wie noch (fast) nie seit Beginn dieses Hypnosewaffendesigns "bei" mir frei lesen im 201604, in *, einer museumsreichen Stadt im Ausland, erst am letzten Tag drehte die Hypnosewaffe ihre Gewalt wieder hoch, kam wieder an mit der *eingeschränkten Rezeptionsfähigkeit-Text*, wie das in meiner zur Hypnosewaffe entwickelten Terminologie heißt, und blockierte mir zeitweise die Lektüre, überspielte sie mit dem "Verfahren", wie das bei mir heißt, zwang mich, nichts anderes wahrnehmen-verarbeiten zu können als ihr zielgerichtetes Geplärre. Mein Buch kann ich dann nicht mehr wahrnehmen-verarbeiten, sitze paralysiert davor.
Wenn man das oft genug wiederkehrend mit mir macht, habe ich nicht mehr viele Optionen.

Ich hatte lesen dürfen, also habe ich Hoffnung. Also muss ich die Sache jetzt durchziehen.

3.2. So kurz wie möglich!
Was bleibt eigentlich übrig? Muss übrig bleiben?
Verdachtsberichterstattung. Außerdem, ich will das nicht, ich werde gezwungen. Ich würde mich im natürlichen Zustand nicht trauen.

Ich weiß es auch nicht.

Ich armer Depp

3.3. Die strukturelle Sexualstraftat

Seit Monaten oder Jahren schleppe ich folgendes Textfragment mit mir herum, verstehe es nicht und glaube, das könne doch eigentlich nicht sein. Also, ich weiß es auch nicht:

Wenn es einem zustößt (siehe Versuch 2), dass einem ein Roman unlauter ins persönliche Umfeld reinmobbt, müsse man sofort versuchen, das als strukturelle Sexualstraftat abwatschen zu lassen?

Ins persönliche Umfeld, mittels einer Art Anspielungshäufung wie im ersten Versuch geschildert. Böser Vorsatz lässt sich wahrscheinlich nicht nachweisen, aber falls es welcher war, macht die Person es wenigstens nicht noch einmal?

- Sexualstraftat So gemeint: Über diese Freunde, die ich jetzt eher weniger noch habe, hätte ich vielleicht meine zukünftige Frau gefunden, oder irgend so etwas. Werde sozial isoliert.

- Oder so: Dieser Autor erpresse, an meinem Abendbrottisch oder in meiner Freizeit öffentlich thematisiert zu werden. Das gebe Streit.

- Will mich sozial isolieren, mir in die Familiengründung reinsabotieren?

Oder irgend etwas in der Art.

? Fragezeichen! Weiß es auch nicht.

Andererseits, um einer gewissen Einseitigkeit beim real geschehenen solchen Erlebnis vorzubeugen: Zum Besten standen diese Freundschaften nicht mehr, allerdings wären sie definitiv nicht so abrupt und so verschlossener Art von mir beendet worden. Ich will schon selbst entscheiden dürfen, mit wem ich konversiere.

3.4. Aber was soll das? Stalking?

Ach so, vielleicht das: Ein etablierter Journalist oder ein Autor (oder Lektor-Autor-Team), der etwas aus einer unverlangten Einsendung (oder in meinem Fall dem zugehörigen Anschreiben) geklaut hat, wolle mitunter noch etwas Zweites mit seinem Opfer machen?

Er wolle (zu seinem Gewinnst) sein Opfer sozial isolieren und/ oder hörig machen, erpressen. Dass es ihn demonstrativ gut finde. Mundtot machen. Man vertrete doch des Opfers Meinung (höchst lukrativ, das verschweigt er aber)?

Wolle dessen Familie und soziales Umfeld unter seine Kontrolle bringen, öffentlichen Druck ins dessen Privatleben hinein ausüben?

3.5. Zu den Punkten 3.3. und 3.4. passt:

Dazu passt die holzschnittartige, schematisierte, unpersönliche Behandlung der Thematik Lauschangriff/ Überwachungsstaat seitens Zeh/ Trojanow in „Angriff auf die Freiheit". Auf Pennäleraufsatzniveau. Kann jeder so. Beziehungsweise: Sowieso wahrscheinlich alles aus der Tagespresse oder sonstwo abgeschrieben.

Andererseits: ich hab's nur angelesen. Reichte mir aber. Selbstgerechter Duktus, links klischiert.

Ich weiß es auch nicht.

Im natürlichen Zustand traut sich das niemand. (Schon gar nicht ohne Gewinnerwartung, macht man das nicht).

Unter Schmerzen schreibend verändert sich eines Autors Stil. Sätze werden kürzer, die Terminologie grobschlächtiger.
Hypnosewaffe analog und verschärft.

Ich weiß es auch nicht.

Das ist das Allerpeinlichste, was ich bisher publiziert habe. das bisher ist auch peinlich, aber das ist das Allerpeinlichste. Publizieren musste.

3.6. Der Staat müsse mich selbst sozial isolieren?

Die Hypnosewaffe isoliert mich sozial auch sehr "effektiv".

Das Hypnosewaffenverhalten (also wohl der Staat) lässt sich also vernünftig *unter anderem auch* so interpretieren: Er müsse mich selbst sozial isolieren, das sei weniger kriminell?

Real wirkt die Hypnosewaffe sozial isolierend so: Sobald ich anfange, von ihr zu erzählen, ergreift (fast) jeder Mensch, Sozialkontakt sinngemäß, recht schnell, sobald er ausreichend verstanden hat, was da mit mir gemacht wird, die Flucht.

Ohne die Hypnosewaffengewalt würde ich auch kaum über Anspielungshäufungen schreiben, beziehungsweise hätte es nicht nötig noch würde ich mich trauen (müssen).

Oder die Konkurrenz der in 1.2, 1.3. geschilderten Art hat die Hypnosewaffe verursacht, besteht darauf?

Einschränkung: Dass die in 1.2, 1.3. geschilderte Art (Die Zeh und die zugehörige Merkelbriefgruppe) *so aggressiv* seien, dass die Hypnosewaffenaktivität gerechtfertigt wäre, das mag ich kaum glauben. Aber ich bin andererseits ein zu gutmütiger zu leicht reinlegbarer Mensch. Aber das, *so aggressiv*, muss der Staat der mich so benutzt, allein behaupten.

Wiederholung: Ich finde beide Seiten illegitim, die, die mich so benutzt, die, auf die ich so gehetzt werde.

Übertreibungen:

Der (ich) dürfe keine Kinder bekommen, das wären keine freien Menschen im Sinn der Rechtsordnung, sondern unselbständige Hörige, die die AutorInnen A-Z demonstrativ gut finden müssen. Das wäre aber letztlich ein (sehr trauriges) Ergebnis. Aber so kann man die Hypnosewaffegewalt letztendlich auch noch verdachtsberichterstattungsmäßig interpretieren.

Vierter Unterteil: Was meint "Raubmordversuch-rhetorisch"?
(EVÖ am 20170630 auf keinverlag.de)

4.1. Geiselnahme-rhetorisch habe ich jetzt glaube ich verstanden.
Ich kenne jetzt sogar mindestens zwei Arten von 'Geiselnahme-rhetorisch"

4.1.1. Man wird für gefährlich erklärt.
("Gefangennahme" nannte es die taz)
Naja, das determiniert natürlich die weitere Kommunikation.
Außerdem unterstelle ich da, in dem Fall, der mir geschehen ist, mir ist das auch schon geschehen, Neid und Gier, meinen Gehirninhalt betreffend, eine Proliferationsabsicht sozusagen.

4.1.2. Man wird im unpassenden Kontext nachgeäfft.
(Wenn man sich literarisch irgendwo etwas herausgenommen hat bspw.). Da fühlt man sich dann unter Zugzwang gesetzt, fälschlicher Weise selbst zu unterlassen oder zu verteidigen.
Ich mag so etwas nicht.

4.1.3. Natürlich gibt es beide Male Gegenstrategien.

Transparentmachung, Protest in irgendeinem Sinn. Wer mich im unpassenden Kontext nachäfft, muss sich (moralisch oder juristisch, moralisch dürfte das wesentlich häufigere natürlich sein), muss das alleine rechtfertigen.

Nachdem ich nicht gerne Beispiele von keinverlag.de verwende, habe ich kurz ein fiktives Beispiel konstruiert. Irgendwo schrieb ich innerhalb eines semisatirischen nonkonformen Textes, ich hätte der Tennisspielerin Z. auf den Po geguckt - den Satz könnte ich in mehrfacher Hinsicht rechtfertigen, dreifach mindestens, unterlasse das jetzt aber, bleibt mein Geheimnis, wie.

Im unpassenden Kontext nachgeäfft würde ich werden, wenn die Boulevardzeitung B aus der Idee eine Serie, am "besten" noch mit Foto und sexuell aufgeladenem Text, machen würde. Und würde als Geisel genommen. Ein anderer gäbe möglicher Weise noch ein falsches Schuldeingeständnis ab.

Wobei diese Gegenstrategien recht riskant sein können, und gekonnt werden wollen.

4.1.4. Mittlerweile gehört zu meiner Ästhetik sogar die zielgerichtete Provokation gegen dieses Nachgeäfft-werden. Ich suche Formulierungen, die hier und da ganz schlecht nachäffbar sind, wie "Lichterketten-di Lorenzo". Nein, suche Formulierungen ist sogar zu viel gesagt, solche Formulierungen machen mir einfach sehr viel Spaß. Sonst habe ich nicht viel Spaß im Leben die letzten Jahre gehabt.

4.2. "Raubmordversuch-rhetorisch" verstehe ich immer noch nicht.

"Raubmordversuch, der Raub hat stattgefunden" war die erste Ansage bezüglich dieser Hypnosewaffenraushauerei dieser aller meiner Buchstaben-in-sinnvoller-Reihenfolge bezüglich dieses Zeh-Komplexes. Oder ich muss die Ansage auf den Zeh-Komplex beziehen. Der "Obersatz" seitens des Hypnosewaffendesigns sozusagen, wenn man ein juristisches Studentengutachten[1] als stilistischen Vergleich heranzieht.

Wobei demgegenüber grob gesagt 97% der Hypnosewaffeninformationen Unsinn und unwahr sind. Diese Information kam aber ziemlich am Anfang der Hypnosewaffengewalt, also ungefähr 2004, 2005, als die Hypnosewaffe noch glaubwürdiger und viel weniger gewalttätig gewesen war. Etwas später dann 2007/ 2008, waren auch einige Informationen sehr deutlich mit einer Art Verifizierungsgedudel unterlegt, so, dass man sie (auch aus diesem Grund, vernünftiger und gerechter als andere Informationen waren sie in der Regel dann auch gewesen) für wahrer als andere halten hatte sollen-können. Ob die erwähnte Information auch, weiß ich nicht mehr.

"Speitrieb (Roman)" von Julia Zehettmeier wäre dann wohl analog der Beginn des Mordversuchs, "Äpfel auf die Freiheit" von Julia Zehettmeier und Olli Trojanerow der Raub, oder der erste Raub. Das ist mein derzeitiger Wissensstand.

---

1 Wobei ich nicht den Eindruck erwecken will, zu wissen, wie ein juristisches Studentengutachten aussehen soll (Komponenten, Konventionen, Varianten). Könnte sogar behaupten wollen (habe einen unfertigen Text darüber), dass während meiner 9 Monate Jurastudium 2006/ 2007 es mir (beinahe) absichtlich nicht beigebracht hatte werden wollen. Weder damals, noch heute weiß ich, wie es aussehen soll, heute ein bisschen mehr.

Oder, gruselig: 12.06.2017: Jemand benimmt sich in meinem persönlichen Problem, vielleicht-wahrscheinlich sogar persönlichen Umfeld, dermaßen daneben, dass ich befürchten muss, mich mit meiner ehrlichen Meinung pseudo-strafbar (je nach ignorantem Zivilgericht so ungefähr) zu machen. Danebenbenehmen inklusive Bereicherungsabsicht. Vielleicht ist das "Raubmordversuch-rhetorisch"?

Oder, 12.06.2017: Dermaßen, dass ich eine Psychose angedreht bekommen will. In (meiner) Wirklichkeit natürlich eine niederträchtigst induzierte Psychose.

Freiwillig habe ich nichts gesagt, was wiederum obiges gruseliger Weise bestätigt.

Fünfter Unterteil: Zufall und Wahrscheinlichkeit
(Selbstvergewisserndes Resumee)

Zufall, die Anspielungshäufung und die stochastische Abschätzung
Dass es zufällige Häufungen von irgendetwas geben kann, auch von vermeintlichen Anspielungen, ist mir natürlich klar und bekannt.
Auch von seltenen Wörtern zufällige Häufungen, usw..
Das stilistische Phänomen der Anspielung gibt es allerdings auch.

Für mich nehme ich in Anspruch, ein guter Mathematiker und gut informierter Mensch (gewesen) zu sein.
Ab irgendeiner Summe von angehäuften Anspielungen wird also, rein abgeschätzt, aber informiert abgeschätzt, ein Zufall unwahrscheinlich. Irgendwo gibt es eine Grenze von Zufall wahrscheinlich/ Zufall unwahrscheinlich.

Sechste Variante, Version 1: Die Instrumentalisierungs-expertInnen, "reinfotzen".

6.1.1. Vor mehr als zehn Jahren, mit Anfang 20, saß ich einmal mit einer Gruppe münchner Jurastudenten an einem Kneipentisch. Dort hörte ich von jeder Menge unmöglicher Rechtsauffassungen, mittlerweile habe ich sogar angefangen, eine Liste zu erstellen. Darunter auch:

Wenn es einem Juristen gelänge, irgendwo richtig „reinzufotzen", dann könne er richtig reich damit werden. Das folgende Zitierte, von mir mit Rotstift etwas Korrigierte ist in meinen Augen auch nichts Besseres oder anderes als „reinfotzen".

Sehr geehrte Frau Bundeskanzlerin,

seit Edward Snowden die Existenz des PRISM-Programms öffentlich gemacht hat, beschäftigen sich die Medien mit dem größten Abhörskandal in der Geschichte der Bundesrepublik. Wir Bürger erfahren aus der Berichterstattung, dass ausländische Nachrichtendienste ohne konkrete Verdachtsmomente unsere Telefonate und elektronische Kommunikation abschöpfen. Über die Speicherung und Auswertung von Meta-Daten werden unsere Kontakte, Freundschaften und Beziehungen erfasst. Unsere politischen Einstellungen, unsere Bewegungsprofile, ja, selbst unsere alltäglichen Stimmungslagen sind für die Sicherheitsbehörden transparent.

Damit ist der „gläserne Mensch" endgültig Wirklichkeit geworden.

Wir können uns nicht wehren. Es gibt keine Klagemöglichkeiten, keine Akteneinsicht. Während unser Privatleben transparent gemacht wird, behaupten die Geheimdienste ein Recht auf maximale Intransparenz ihrer Methoden. Mit anderen Worten: Wir erleben einen historischen Angriff auf unseren demokratischen Rechtsstaat, nämlich die Umkehrung des Prinzips der Unschuldsvermutung hin zu einem millionenfachen Generalverdacht.

Frau Bundeskanzlerin, in Ihrer Sommer-Pressekonferenz haben Sie gesagt, Deutschland sei „kein Überwachungsstaat". Seit den Enthüllungen von Snowden müssen wir sagen: Leider doch. Im gleichen Zusammenhang fassten Sie Ihr Vorgehen bei Aufklärung der PRISM-Affäre in einem treffenden Satz zusammen: „Ich warte da lieber."

Aber wir wollen nicht warten. Es wächst der Eindruck, dass das Vorgehen der amerikanischen und britischen Behörden von der deutschen Regierung billigend in Kauf genommen wird. Deshalb fragen wir Sie: Ist es politisch gewollt, dass die NSA deutsche Bundesbürger in einer Weise überwacht, die den deutschen Behörden durch Grundgesetz und Bundesverfassungsgericht verboten sind? Profitieren die deutschen Dienste von den Informationen der US-Behörden, und liegt darin der Grund für Ihre zögerliche Reaktion? Wie kommt es, dass BND und Verfassungsschutz das NSA-Spähprogramm XKeyScore zur Überwachung von Suchmaschinen einsetzen, wofür es keine gesetzliche Grundlage gibt? Ist die Bundesregierung dabei, den Rechtsstaat zu umgehen, statt ihn zu verteidigen?

Wir fordern Sie auf, den Menschen im Land die volle Wahrheit über die Spähangriffe zu sagen. Und wir wollen wissen, was die Bundesregierung dagegen zu unternehmen gedenkt. Das Grundgesetz verpflichtet Sie, Schaden von deutschen Bundesbürgern abzuwenden. Frau Bundeskanzlerin, wie sieht Ihre Strategie aus?

Juli Zeh
Ilija Trojanow

(...)

Abbildung 1: Meine Rotstiftkorrektur des ersten Merkelbriefs, Quelle (ohne Rotstift) www.change.org

6.1.2. Die beiden Hauptprotagonisten dieser Aktion, die RomanautorInnen Zeh und Trojanow, haben, ich glaube (auch) in Bayern, Jura studiert, die dürften schon schon ungefähr wissen, was „reinfotzen" ist, so blöd sind die nicht. die Aktion war veröffentlicht in FAZ, Bild, auf der website des deutschen PEN und bei change.org.

Zu meiner Sicherheit, abgesehen davon dass ich keinen Abschluss machen durfte, ich habe meine Arbeit immer selbst gemacht und meine Bücher immer selbst gelesen. Bei mir hieße „reinfotzen" *erpresserische Art, Instrumentalisierung, Hörigmachung, Benutzung,* und ich lehne so ein Verhalten für mich selbst aber auch bei mir selbst ab. Man kann mich sehr schlecht erpressen.

Hat die Zeh vorher schon wo anders „reingefotzt?", schlechter beschützte Menschen als die Merkel einer ist, versucht zu erpressen? Auch im Kleinen persönlich öffentlich erpresst? Ich würde sagen, wahrscheinlich ja.

Öffentlicher Druck: Ein Grundbegriff journalistischer Ethik. Der öffentliche Druck der Zeh ist aber ziemlich persönlich, und auch mit persönlichen Zielen, bekannt gemacht zu werden, gekoppelt. Auch im Kleinen wohl. Politisch bleibt vom Merkelbrief nichts übrig, klarer Weise (dass die Amerikaner jetzt ihren „war against terror" aufgeben würden, beziehungsweise die Merkel diesen angreift, konnte man schon im Prinzip ausschließen), nur die persönliche Bekanntheit. Und gerne hätten sie noch mehr bekommen: Eine "Debatte" mit der Bundeskanzlerin in der FAZ, wie lukrativ!

Übertreibung, Parodie: Öffentlicher Druck, sagt das Literaturinstitut Leipzig, des sei etwas, womit man in persönliche Verhältnisse oder Familien reinfotze, da wo man bekannt gemacht werden will. Bei irgendwelchen Multiplikatoren oder Hobbyautoren, die was von Literatur verstehen, bei den unverlangten Einsendungen, aus denen man geklaut hatte. Mehr verstehen die da nicht davon.

Neben Reinfotzjuristen gibts jetzt auch Reinfotzliteraten.

Wenns nach mir ginge, führte diese Autorengruppe jetzt die Debatte, wie weit man da gehen dürfe, irgendwo in die persönlichen Beziehungen reinzuerpressen, da wo man geklaut habe vielleicht. Nur die Frau erpressen und vertreiben oder auch die Kinder, so ungefähr.

Und ich bekäme meinen Lauschangriffsschaden zurück.

6.1.3. „Reinfotzen?" Nein, ich habe sogar an anderer Stelle einen „Man behauptet einen Müll, um was erklärt zu bekommen-Betrugstrick", beziehungsweise „Fachidioten-Betrugstrick" formuliert. Darauf, dass mir jemand blöd kommt, so dass ich mich zu Erklärungen, die auf meiner eigenen hochwertigen Lektüre beruhen, gezwungen sehe oder sah, reagiere ich mittlerweile recht schnell recht gereizt. Auch sehe ich mich als Vielleser ohne Hochschulabschluss als prädestiniertes Opfer eines solchen Verhaltens. Was nicht heißen soll, dass ich jede akademische Diskussion oder Fachsimpelei ablehne. Bloß wenn es zu gezielt und notorisch wird, dann muss es irgendwo eine Grenze geben.

Früher habe ich mit allen Menschen gesprochen, heute spreche ich im Prinzip mit Keinem mehr.

Ich hatte freiwillig nie ein Wort zur Literatin Zeh und deren AutorInnengruppe gesagt, das ist mir wichtig. im Jahr 2006 nicht, heute nicht. Nur auf Hypnosewaffengewalt hin.

Wäre ich von der Hypnosewaffengewalt freigelassen, entpflichtet, würde ich mich ganz schnell kein bisschen mehr für die Autorin Zeh und die anderen hier interessieren, sie wären mir absolut egal, kein Wort mehr zu ihnen publizieren. Ich interessiere mich für andere Autoren und Bücher aus dieser erweiterten Generation. Dann könnte mich wieder mit den Autoren/ Büchern beschäftigen, die mich real interessieren.

Unter Schmerzen schreibend verändert sich eines Autors Stil. Sätze werden kürzer, die Terminologie grobschlächtiger.

Hypnosewaffe analog und verschärft: Ob ich gerade wissen darf, oder diesbezüglich repressiv blockiert bin, ob es einen Konjunktiv gebe, reine Glückssache. Oder hochfahrende Impertinenz der übergriffigen Gewalt.

Ich weiß, was Schmähkritik ist, so eine Scheiße.

20010911

Ich glaubs mir ja selbst nicht-kaum.

Ich lehne beide Seiten als illegitim ab, die die mich so benutzt, und die, auf die ich so gehetzt werde (Die "Merkelbriefgruppe", wie sie bei mir heißt).

Sechste Variante, Version 2: Die Instrumentalisierungs-expertInnen, Öffentlicher Druck

(Erstveröffentlichung einer Vorform des Textes 20160711 auf keinverlag.de)
Dieser Text bezieht sich auf die Abbildung 1, den ersten Merkelbrief.

6.2.1.

Der öffentliche Druck, den Juli Zeh (und ihrer Merkelbriefgruppe) mittels ihrer Merkelbriefe (siehe Abbildung 1, ca. 2013) im Großen in Bild, FAZ, auf der PEN-Website und bei Change.org, auch in der "Zeit" später, im Spiegel bloß reportiert, ausübten, ist in meinen Augen darauf ausgerichtet, bekannt zu werden, sogar bekannt gemacht zu werden (von der Merkel persönlich diesmal). Das Stilmittel wird also zu persönlichen, materiellen Zwecken missbraucht, Menschen instrumentalisierend. Dass so ein Merkelbrief politisch nichts bringt, war eh klar. Eher ist er sogar ein Bestechungsversuch, mit einer für beide lukrativen "Debatte" im FAZ-Feuilleton (plus x). Die Merkel ist nicht darauf eingegangen.

6.2.2.

Ich glaube bloß, dass aus dieser Autorengruppe (der Erstunterzeichner, der Merkelbriefgruppe) solcher persönlicher "öffentlicher Druck" zum Zweck bekannt gemacht zu werden, auch im Kleinen ausgeübt wurde, in dem Sinn, dass da schon weniger gut beschützte Personen als die Merkel eine ist, analog erpresst worden sind; in dem Sinn, dass in irgendwelche Beziehungen oder Familien reinerpresst wurde, um thematisiert zu werden. Glaube, glaube es aber wahrscheinlich nicht ganz allein.
20170626: Ach, was heißt glauben, werde mit einer Hypnosewaffe zur Diskussion dieses Verdachts gezwungen.

Wenn man dieser Autorengruppe sagte, dass sie damit Erfolg gehabt hätten, irgendwo bei Hobbyautoren (falls es so etwas überhaupt gibt) oder erfolglosen Autoren, dann glaube ich, würden die es sofort verstärkt wieder machen.
Ein Instrumentalisierungsstil, eine Instrumentalisierungsexpertin.

6.2.3.

Wenn irgendjemand forderte, diese Merkelbriefgruppe solle einem Psychiater erklären, wie weit sie damit gehen will, mit dem persönlichen öffentlichen Druck, und wenn die Antwort falsch ist, dann darf der Psychiater die behalten! Ich verteidigte die nicht. Eher im Gegenteil.
Ausgesucht hab' ich mir die Rolle nicht.

6.2.4.

Verfasser und Erstunterzeichner des ersten Merkelbriefs:
Juli Zeh
Ilija Trojanow

Liste der Erstunterzeichner des ersten Merkelbriefs (ich verachte die alle, nur um das klarzustellen), Quelle: change.org:
Carolin Emcke
Friedrich von Borries
Moritz Rinke
Eva Menasse

Tanja Dückers
Norbert Niemann
Sherko Fatah
Angelina Maccarone
Michael Kumpfmüller
Tilman Spengler
Steffen Kopetzky
Sten Nadolny
Markus Orths
Sasa Stanisic
Micha Brumlik
Josef Haslinger
Simon Urban
Kristof Magnusson
Andres Veiel
Feridun Zaimoglu
Ingo Schulze
Falk Richter
Hilal Sezgin
Georg M. Oswald
Ulrike Draesner
Clemens J. Setz
Ulrich Beck
Katja Lange-Müller
Ulrich Peltzer
Thomas von Steinaecker
Peter Kurzeck
Jo Lendle
Jan Christophersen
Angela Krauß
Christiane Neudecker
Kurt Drawert
Michael Augustin
Robert Menasse
Mareike Krügel
Annett Gröschner
Tanja Langer
Ron Winkler
Artur Becker
Cornelia Becker
Antje Ravic Strubel
Ulrike Steglich
Norbert Kron
Benjamin Lauterbach
Anton G. Leitner
Anke Bastrop
Annika Reich
Ditha Brickwell
Marica Bodrozic
Gisela von Wysocki
Kerstin Grether

Nora Bossong
Zora del Buono

5
Zur primären Merkelbriefgruppe zähle ich in München, nicht ausschließlich, außer den Erstunterzeichnern noch Michael Krüger und Florian Kessler, Carl Hanser Verlag. Es gab dann mehrere zu unterzeichnende Aufrufe damals.

6
"Treten Sie gefälligst zurück, Sie Depp"?
?

Siebte Variante: Trittbrettfahrer, Hochstapler PEN Deutschland
(EVÖ des ersten Teils 20170427 auf www.keinverlag.de, geringfügig übb.)

7.1. Die Hypnosewaffe, abgeglichen mit den NSA-Enthüllungen von Wikileaks
Wie die berühmt gewordenen NSA-Enthüllungen von "Wikileaks habe ich auch einen Lauschangriffsskandal "am Start", eine demonstrativ kriminell eingestellte funkbasierte Neurohypnose-, Hypnose- und Datenwaffe. Es gibt ein paar Unterschiede. Für meinen Skandal interessiert sich kein Mensch, ist unter anderem ein Unterschied. Mein Skandal ist absolut persönlich und mit einem persönlichen Schaden gekoppelt, ist ein weiterer Unterschied.

7.1.1. Fundamentale Unterschiede bezüglich Arbeit & Bezahlung
Snowden, der Whistleblower, der die Daten an Wikileaks gegeben hatte, hatte einen Arbeitsvertrag mit dem amerikanischen Staat. Innerhalb von diesem wird er eine Art Geheimhaltungsklausel unterschrieben haben, wie es bereits auch ein Werksstudent oder Zivildienstleistender machen muss (jeweils ich).

Ich dagegen arbeite unfreiwillig und für umsonst, durch eine demonstrativ kriminell und gewalttätig und sehr in Anspruch nehmende Hypnosewaffe verursacht, für eine obskure Instanz, die auch ein Staat sein dürfte. Muss für unfreiwillige (vielleicht sinnvolle) Arbeit für umsonst nachträgliche Entschädigung fordern. Aller Wahrscheinlichkeit nach vom deutschen Staat. Bin mittels einer intelligenten (mäßig intelligenten) funkbasierten Neurohypnose-, Hypnose- und Datenwaffe, in einer neuartigen Weise als Sklave-bis-Geisel genommen worden.
Darf es nicht dulden, für umsonst so in Anspruch genommen zu werden.

(Aktuell und nach wie vor wird auch eine demonstrativ kriminell eingestellte funkbasierte Neurohypnose-, Hypnose- und Datenwaffe in mich und meine Umgebung hineingehauen, wesentliche Merkmale sind nach wie vor Schlafentzug usw., wie an anderem Ort bereits geschildert.)

7.1.2. Fundamentale Unterschiede bezüglich Daten (aller Art, aber insbesondere intelligenter Daten, also Texte)

Snwoden hat (abstrahiert gesagt) Buchstaben in sinnvoller Reihenfolge, Bedienungsanleitungen zur automatisierten E-Mail-Durchsuchung und so etwas, Internet-Kommunikationsüberwachung, vom amerikanischen Staat "geklaut", kopiert und an Journalisten weitergegeben. Entgegengesetzt zu seinen vermutbaren Verpflichtungen aus dem Punkt Arbeit & Bezahlung.

Bei mir hingegen werden im großen Stil Buchstaben in sinnvoller Reihenfolge geklaut. Fremde Buchstaben (meine fächerübergreifende Fachbibliothek), eigene Buchstaben, eigene potentielle Buchstaben direkt aus dem Gehirn. Und die Kombination von eigenen und fremden Buchstaben, das was ich mir zu meiner Fachbibliothek einmal gedacht habe sozusagen. Meine zugehörigen Recherchen. Das wurde und wird nach wie vor und kontinuierlich herausgefilmt und -gehauen.

Ich habe es extra irgendwo explizit ausformuliert: "Wertgegenstände journalistisch-akademischer Natur, eine Recherche, Idee usw. einfach ein Text letztendlich."

7.1.3. Fundamentale Unterschiede bezüglich Gewalt und Lebensgefahr

Ich beschreibe ein uneingestandenes Mordwerkzeug, eine potentielle Schurkenstaatstechnologie, eine brandgefährliche unbekannte Technologie. Je lauter ich bin (und sein darf), desto geringer wird meiner Meinung nach die Lebensgefahr, heute und in Zukunft. Dass ich von der Meinung 'so laut wie möglich' zurücktrete, halte ich früh sehr unwahrscheinlich. Ich kann gar nicht laut genug sein, laut natürlich auch und vor allem im übertragenen Sinn.

Demgegenüber könnten manche zumindest behaupten wollen: Die Informationen von Wikileaks zu veröffentlichen oder zumindest vereinfacht (pauschalisiert, einseitig) darzustellen, erhöht gewissermaßen die Lebensgefahr für die westliche Zivilbevölkerung und amerikanische Soldaten. Reißerisch, übertrieben, tendenziös, die USA diffamierend, auf Abschaffung gerichtet dargestellt.

Ich selbst bin mir da unsicher, ob und ab wann ich diese Meinung teilen soll. Ich habe keine Zeit und keinen Nerv für eine fundierte Meinungsbildung. Andererseits: Öffentlichkeit ist Öffentlichkeit. Alles von öffentlichem Interesse hat Öffentlichkeit verdient. Das Volk ist der Souverän, und Wissen ist Macht, also hat das Volk ein Recht, zu wissen....

7.1.4. "Massenüberwachung" und Verschlüsselung, Unterschiede in der Darstellung und Bewertung der "geleakten" Dokumente

Ich benutze den Begriff "Massenüberwachung", den Edward Snowden für seine Enthüllungen wohl in der Regel verwendete, im Zusammenhang mit den geleakten Dokumenten nicht (im Unterschied zu den meisten deutschen Leitmedien) und erkenne diejenigen, die ihn benutzten, nicht wirklich an.

Ich erkenne aber Terrorgefahr an. Ich gehe nicht davon aus, dass ich Ziel der Suchen bin. Ziel der Suchen sollten Kombattanten sein, die in diesem Krieg Massenschäden in der westlichen Zivilbevölkerung anrichten wollen.

Ich verschlüssele auch keine E-Mails, wie es Snowden allen rät. Wenn meine E-Mail zufällig neben einer potentiellen Terror-E-Mail liegt, und der betreffende Mailserver zu ebenjenem Zeitpunkt (mittels eines Computerprogramms) durchsucht werden will, will ich die Arbeit nicht erschweren. Stieße einer meiner Mails so etwas zu, hieße das in meinen Augen noch lange nicht, dass meine Mail von einem Menschen gelesen worden ist.

Ein Staat, der anfängt, meine E-Mails zu lesen oder gar zu nutzen, süchtig nach ihnen wird, hätte in meinen Augen versagt und muss ("darf") das Strafrecht gegen sich selbst verschärfen.

Die Art der Kriegsführung der Islamisten, des Attentats gegen Zivilisten, erkenne ich nicht an.

7.2. Trittbrettfahrer, Hochstapler PEN Deutschland
(EVÖ 20170614 auf www.keinverlag.de, leicht übb.)
(Dieser Text bezieht sich auf die Abbildung auf Seite 27, deren Urtext (ohne die Rotstiftkorrektur!) auch auf der Website des deutschsprachigen PEN publiziert gewesen war. Sowie setzt dieser Text den Text "Die Hypnosewaffe, abgeglichen mit den NSA-Enthüllungen von Wikileaks" fort, Seiten 32 ff..

7.2.5. Trittbrettfahrer
Ich gehe davon aus, dass ich unzweifelhaft nachweisen kann, auch im strafrechtlichen Sinn nachweisen könnte, dass ich im Juli 2006 das erste Mal in meinem Überwachungsproblem in Richtung Deutscher Staat geschrieben habe.
Hin und wieder habe ich dieses Überwachungsproblem oder einen zugehörigen Verdacht oder etwas daraus davor aber bereits formlos irgendwelchen Kommunikationspartnern gegenüber angesprochen.
Beispielsweise dem M. aus meinem Abijahrgang oder in einem individuellen Anschreiben dem S.-Verlag aus Frankfurt (nicht Suhrkamp) gegenüber.
'Vorher angesprochen' wäre auch logisch, mindestens in einem Briefentwurf 2006 (an die Staatsanwaltschaft) verwendete ich das Wort Sklave (Sklavennahme?), insofern muss mir davor bereits einiges angetan worden sein.

2009 wäre der ideale Zeitpunkt für einen Buchvertrag für mich gewesen, da war längst genug beschrieben worden. Ein Book on Demand daraus machen zu müssen ist eigentlich unzumutbar. Ein ordentlicher Verlag mit einem gewissen Namen hätte ein paar hundert Stück verkauft, mindestens, vielleicht aber auch ein paar hunderttausend Stück.
Obwohl es zuerst natürlich eine Abwägungssache ist, ob man diese Technologie publiziert sehen will, oder lieber doch nicht, je länger ich aber darüber nachdachte, desto deutlicher ist-wurde das "Ja". Nachdem sie nicht mehr ordentlich benutzt worden war, ist das "Ja" sowieso alternativlos.
Dass man einen erlittenen Schaden nur oder besser mit Buch überlebt, wusste ich auch bereits, durch Sabine Dardenne.

Also sind andere vielleicht Trittbrettfahrer, wissentliche oder aus ihrem Geschäftsumfeld (incl. des politischen Umfelds) heraus organisierte Trittbrettfahrer.

Mir ist es doch bloß peinlich, es quält mich, ich zweifle es selbst an, solche Vorwürfe erheben zu müssen.

7.2.6. Hochstapler
Wie erkläre ich idiotensicher, also beispielsweise so einem PEN-Lümmel, falsch ich bin schon wieder zu offen und gehetzt, den blöden Damen und Herren vom deutschsprachigen PEN, meine Ablehnung des Begriffs "Massenüberwachung"?
Falsch, wie erklärte ich, so dass es auch ein Sprachwissenschaftler verstehen muss, meine Ablehnung des Begriffs "Massenüberwachung", meine Ablehnung des deutschen PEN in dieser Sache also gleichzeitig? :

Es gab einmal etwas sehr Schönes, die "Digitale Bibliothek, deutsche Literatur von Lessing bis Kafka". Eine CD-ROM mit Unmengen klassischer Literatur darauf. Den Verlag gibt es leider nicht mehr, der danach noch jede Menge weitere solcher CD-ROMs produzierte, immer orchideenfachartigere, irgendwann hat er aufgehört.
Jetzt war in die zugehörige Software auch eine Volltextsuche integriert. Man konnte also den (fast) gesamten Goethe nach irgendwelchen Begriffen durchsuchen und bekam dann eine Fundstellenliste. Nun benutze Person P die Volltextsuche, durchsuche den ganzen Goethe nach dem Begriff B (sagen wir "Krieg" oder "Liebe" oder so etwas), bekommt eine Fundstellenliste, schaut die Fundstellenliste sich 10 Minuten an. Wer nun behaupten will, Person P habe in zehn Minuten den gesamten Goethe gelesen, ist nicht nur in meinen, sondern in unser allen Augen ein Hochstapler, glaube und hoffe ich.
Sehr ähnlich verhält es sich mit der "Massenüberwachung". Wer behaupten will, dass alle diese E-Mails (oder seine) gelesen worden seien, ist ein Hochstapler.

Der Merkelbriefgruppe da ist nicht einmal die Unterscheidung zwischen Kriegsführung und Polizeiaufgabenrecht gelungen.

7.2.7. Prüfen
Welchen Begriff im Gegensatz zu "Massenüberwachung" eigentlich, finde ich angemessen, "suchen" vielleicht, oder "durchsuchen" oder "prüfen"? Die Massenkommunikation wird automatisch "geprüft", auf terroristische Inhalte hin.
Erst wenn die Prüfung positiv ausfiele, läse ein Mensch meine E-Mail.

Wenn es sich anders verhalten würde, und beispielsweise noch nach anderen Inhalten geprüft wird, so dass die Zivilbevölkerung zum Ziel wird oder Industriespionage betrieben wird, hätte dieser amerikanische Staat in meinen Augen drastisch versagt. Ich glaube es bisher nicht, wie gesagt. Der deutsche Staat müsste aber erst einmal ein anständiges Entschädigungsrecht etablieren, bevor er sich auch so viel an seinen Bürgern herausnimmt.
Dass Teile der Presse das Problem so vereinfacht und ablehnend darstellen, dass der Eindruck einer "Massenüberwachung" entsteht, und sie es vielleicht sogar anstiften werden, das kann man dann auch noch vorwerfen. Insbesondere auch dieser Merkelbriefgruppe, aber auch dieser selbst, da er diesen Platz auf seiner Website einräumte.
Das Problem der Kommunikationsdechiffrierung ist strukturell schon so, dass es zur Gewohnheit werden kann; zu einem "Recht" vielleicht nicht ganz, nur ein bisschen; dass die Gewalt damit irgendwann noch andere Sachen machen will, also droht; dass die Gewalt irgendwann gar nicht mehr weiß, was sie ursprünglich mit dieser Maßnahme hat erreichen wollen.

7.2.8. "PEN Oberbayern", Protest
In meiner Schublade habe ich eine alte Idee, mich aus Protest, zur Abgrenzung und Ersatzes halber "PEN Oberbayern" und "Zweite Bayrische Akademie der Schönen Künste" zu nennen, beziehungsweise, die Gründung einer solchen Institution bekannt zu geben. "Zweite Bayrische Akademie der Schönen Künste", weil - ich berate auch gerne das Ministerium. Meiner angeblichen neuen Institution gäbe ich dann, angeblich vorübergehend, den rechtlichen Status eines privaten Instituts, und verhängte einen Aufnahmestopp, sonst würde es mir unter Umständen zu viel Verwaltungsarbeit.
Das wäre aber (fast) zu unernst.

7.2.9. Proliferation (zu meinen Lasten)

Freiwillig habe ich zur Autorin oder Person Zeh immer noch kein Wort veröffentlicht, noch laut gesagt. Alles Hypnosewaffe. Zum Trojanow sehr wenig.

Am Ende wirkt das Zeug hier auch nur *gegen* mich im Sinn von "Proliferation", also Wissensraub oder Betriebsspionage zu meinen Lasten: Eine Argumentation kann auch zu Wissen oder Wertgegenstand im selben Sinn wie Wissen werden, finde ich.

Ich verspreche mir jedenfalls nicht das Geringste davon (usw., üble Nachrede, usw., hypnosewaffenverursachter degenerierter aktiver Wortschatz usw., ...).

Die Personen, beziehungsweise AutorInnen wären es meiner Meinung nach nicht wert: Sich linksfühlende Studenten, die falsche, feindliche Amerikaklischees verbreiten, wie Juli Zeh oder Josef Haslinger (der damalige Präsident des deutschen PEN), sind es nicht wert, die werden später, mit signifikanter Wahrscheinlichkeit, schnell genug rechtsradikal, so meine Beobachtung.

Aber zu solchen Konditionen sowieso nie und für niemanden.

Inwieweit die Institution "Literaturinstitut Leipzig", also die Ausbildung geschäftsmäßiger Romanautoren durch den deutschen Staat Hypnosewaffen-gewalt (mit-)verursacht hat, frage ich mich aber auch.

20010911

Meine autobiographischen, und trotzdem wissenschaftlichen, Lauschangriffsbücher heißen übrigens:

Sie und Ihr Lauschangriff (Neurohypnose-, Hypnose- und Datenwaffe), von Marco Bsondermann, Paperback, 456 Seiten, Preis: 24,90 €, ISBN 9783000384127 oder ISBN 9781326027742, (book on demand).
Selbst erlebt. „Ich habe eine Satelliten-(?)Funkpeilung mit Berieselungs-Funktion (Hypnose, Elektroschocks, Gedankenkontrolle, Lärm; optionaler Lausch- und Filmangriff) im Körper. [Ich armer hypnotisierter Depp. Mein armes Gehirn]" (Standardformulierung, „Schicht 5" der Hypnose- und Datenwaffenbeschreibung).

Sie und Ihr Lauschangriff 2 (immer noch Neurohypnose-, Hypnose- und Datenwaffe), von Marco Bsondermann, Paperback, 298 Seiten, Preis 18,90 €, ISBN 9781326410117.

Das, die siebte Variante, ist glaube ich ein Aufsatz, den ich vertreten kann.
Das ganze persönliche, aus Unterteil 2 abgeleitete, potentielle Opferzeugs kann ich nicht vertreten. Dazu hätte ich freiwillig nie etwas gesagt, mich nie getraut. Dazu brauchts massive Hypnosewaffengewalt, die ich für zielgerichtet halten muss.

Ich lehne beide Seiten als illegitim ab, die die mich so benutzt, und die, auf die ich so gehetzt werde (Die "Merkelbriefgruppe", wie sie bei mir heißt).

Achtes Additiv: Fragmentdurchsicht, Ergänzende Fragmente, Witze & schlechte Witze:

Aus den ersten 27 Dateien zu dem Thema extrahierte Fragmente., uU weiterbearbeitet Keine Ahnung, ob sie irgendwie bedeutend sind.-werden.

8.1. Psychologisches

Psychoanalytische Sicht skeptisches Menschenbild, skeptische Persönlichkeitsanalysen:

Vielleicht sieht es aber irgendwer noch viel schlimmer, charakterneurotischer als ich. ‚Jaja die, die überschätzen sich. (...).

Dem gehts ja wohl zu schlecht. Den (mich) versteht man nicht mehr. Dem gehts zu schlecht. (Oder andersrum, sagt der). Denen gehts ja wohl zu gut.

8.2. Die Wirtschaftsredaktion der FAZ wolle die linksalternative Literatur und Publizistik beherrschen (Witz)

"Der fährt einen ebenso großen Wagen wie ich, der Trojanow, dem vertrauen wir, den setzen wir den Linken vor die Nase", hat vielleicht irgendein fieser Finsterling im Hinterzimmer der FAZ-Wirtschaftsredaktion beschlossen.

Trojanows taz-Kolumnen aus dieser Zeit waren auch sehr erpresserisch. Man müsse sich jetzt hinter ihn stellen. Ein Anführer-Anspruch. Hahahaha.

8.3. Ist da die Psychiatrie beteiligt?

Und falls da irgendeine Psychiatrie beteiligt ist oder werden soll, dann bin ich dagegen, dass so ein Text legal sein soll.

Also falls eine der beiden Noras sich irgendein Psychopharmakon verschreiben lässt: Eine medikalisierter erpressender Literat, erpressend wie im konreten Autorin G., erpresste tendenziell zusammen mit der Psychiatrie, das wäre gefährlicher als ein einzeln erpressender Literat, weil der medikalisierte Literat aufgrund seiner medikalisierungsbedingten Determiniertheit wahrscheinlich psychiatrische, medikalisierende Ansinnen seine Umwelt betreffend hätte.

Beziehungsweise, eine medikalisierte erpresste Autorin B. ist erpressbarer und gefähreter als ein Durchschnittsmensch, wird zusätzlich erpresst von ihrer Psychiatrie, die da Behandlungsinteressen hat, zu mehr Psychiatrie. "Das ist alles Zufall, Frau Bossong-theoretisch, Sie habe eine paranoide Psychose, gehen Sie in die Psychiatrie." "Ich verschreibe ihnen zusätzlich noch ...."

Immerhin, außerdem sind es Künstler, also tendenziell empfindliche Menschen. Darüberhinaus neigt der psychisch Kranke zum Kunst machen, kann oft nichts Besseres, wird aber gelegentlich ein sehr guter Künstler (Erweiterte Allgemeinbildung meines Wissens, zur Allgemeinbildung in diesem Aufsatz siehe auch unten).

(Diesmal k)ein Giftmordversuch qua Anspielung!

Meint: Wenn psychisch Kranke (im weiteren Sinn) so erpresst werden, ist es gemeingefährlich.

8.4 Literaten anzeigen? Schrecklich!

Heute glaube ich, dass man, wenn einem so etwas zustößt, sofort versuchen sollte, die Sache als strukturelle Sexualstraftat abwatschen zu lassen. (Oder ähnlich).

Suche Lockvogel.

8.5. Nachgeäffte Petitions"technik"
Die neue Petitions"technik" wurde prompt vom Literaten Ingo Schulze nachgeäfft. Irgendwas mit "gegen große Koalition".
"Man dürfe das jetzt", oder was?

8.6. Ab wann ist eine Anspielung einer sexuellen Nötigung gleichzusetzen?
(Nötigung zum Verzicht in der Regel).

8.7. Überlegung zu Notwehrrechten bezüglich meines Hypnosewaffenproblems, erster Teil, minimal
(EVÖ am 20170314 auf keinverlag.de)

Minimale Straftat
Über Überlegungen, das Verfahren/ "Verfahren", das ich annehme, führen zu müssen, mit einer minimalen (möglichst minimalen) Straftat führen?

Ich gehe immer noch von einem Kausalzusammenhang wie im Einleitungstext geschildert aus, es besteht auch immer noch so ein Zustand. Ich bin aber, glaube-hoffe ich, fast fertig mit meiner Broschüre.

Eine minimale Straftat, das würde vielleicht funktionieren.
Soll ich eine minimale Straftat zur Verfahrensführung begehen, die Zeche prellen oder eine Scheibe einwerfen oder so? Das mit der Behauptung, müsse wenn das BKA (oder ähnlich, also die Instanz, die mir diese Hypnosewaffengewalt antut) zahlen? (Vielleicht hilft ja auch schon das Gedankenspiel weiter?).

1. *Eine Scheibe einwerfen* dem Carl Hanser Verlag oder dem dtv-Verlag oder dem Schöffling Verlag in Frankfurt für "Angriff auf die Freiheit" und anderes.
Das mit der "Meinung", Behauptung, Haltung in der Sache, diese eingeschmissene Scheibe müsse nicht ich zahlen. Wenn die jemand zahlen müsse, dann die obskure Instanz, die mich mit einer Hypnosewaffe dazu zwingt, gegen diese (juristischen) Personen eine Art Verfahren zu führen. Und wenn diese Instanz zahlen würde, wäre sie dumm. Und ich würde die Verteidigung wiederholen wollen.
Instanz: Vermutlich BKA, oder BKA-Nachfolgekörperschaft, die Regierungen könnten die Zuständigkeit für den Hypnosewaffenzugriff auf mich ja verschoben haben.
Die Behauptung so öffentlich wie möglich machen, am Besten a priori (also als Ankündigung) ans Amtsgericht oder die Polizei schreiben.

Real bin ich nicht der Typ für so etwas, habe keine Neigung zu so etwas und auch kein Budget für so etwas. Real würde ich mich kaum trauen, so etwas ans Amtsgericht oder die Polizei zu schreiben, und es mir vor allem nie antun wollen, meinen Nerven nicht auch noch antun wollen.
Keine Neigung, im Gegenteil es quält und demütigt mich, so eine Idee veröffentlichen zu müssen. Mehr als eine Idee wird es kaum werden.

Noch minimaler wäre es, in die Buchhandlung B zu gehen und höchst förmlich ein Buch der genannten Verlage (Massenware) unbezahlt mitzunehmen und demonstrativ zu makulieren. Ich makuliere Bücher so, dass ich aus ihnen bei einer größere Anzahl von Seiten ein großes Dreieck herausschneide und die Schnipsel separat ins Altpapier werfe (manchmal will man ja vielleicht ein Buch unbrauchbar machen, bevor man es wegwirft).

2. Das Entschädigungsverfahren für mich: Ich könnte irgendwo, in einer bayrischen Großgaststätte oder so, höchst förmlich die Zeche prellen. Hinterlasse einen Brief, in dem ich darlege, dass das die Personen zahlen müssten, die diese Hypnosewaffensache (siehe Einleitungstext, 1.2.) mit mir machen, also vermutlich das BKA oder die BKA-Nachfolgekörperschaft diesbezüglich, oder ähnlich. Der Staat würde mir Geld schulden. Und nein, ich wolle erst im Gericht zahlen, weil ich dringend diese Sache im Gericht erzählen will/ muss. Und als Opfer würde ich es dorthin irgendwie nicht schaffen.

Gedankenspiele, real eine Zumutung.

Nachträgliche Anmerkung: Dahinter steckt natürlich auch die Überlegung, dass *ich* keinen Anwalt bezahlen will, um *diese Personen* ins Bundesverfassungsgericht zu bugsieren. Das wäre nur noch mehr ungerechtfertigte Publicity. Wenn, dann will ich eine tendenziell umgekehrte juristische Situation herbeiführen (aber das aller Wahrscheinlichkeit nach nur als Gedankenspiel).

8.8. Die breite Masse
"Die breite Masse" als Verschwörungstheorie der Mitte
"Die breite Masse" sei dumm und unmotiviert und müsse geführt werden. Behaupten schlechte Sozialdemokraten.
Ich behaupte aber, das ist eine Art Verschwörungstheorie, Verschwörungstheorie der Mitte. So blöd sind die Menschen nicht, wie sie da für dumm verkauft werden, gegängelt werden wollen usw..
Die Merkelbriefe entspringen demselben Geist wie "die breite Masse", vielleicht wortwörtlich.
(Mit der Einstellung verliert die SPD immer so hoch, habe ich den Eindruck).

8.9. Mit dem Schreiben wieder aufhören dürfen. Meinen Brotberuf wiederfinden

8.10. Manchmal frage ich mich: Gerechtfertigte Verachtung oder ungerechtfertigter Neid. Bleibe dann wieder bei ersterem

8.11. Wer tut mir das an?
Wenn die Merkelbriefgruppe Glück hat, ist es nur ein Kriminalpolizist, der mich über irgendwelche schmutzigen Tricks zu dieser Broschüre zwingt, kein höherer Beamter. Der gewinnt dann nichts. Dann kommt sie wahrscheinlich billig weg. Zumindest, wenn sie auf meine Argumente kommt.

8.12. Literaturfreisprüche

Das ist so demütigend - Ich habe mich immer nur für Literaturfreisprüche interssiert, also in dem Sinn, dass ich mir als sehr junger Mann einmal überlegt hatte, wie man sich strategisch gegen ein bayrisches Amtsgericht wehren müsste, das einem eine Satire angreift. Und in dem Sinn, dass ich keine Literaturverurteilungen mag.

8.13. Unzulänglichkeiten

Die Lauschangriffsdebatte mit der Debatte über die Gestörtheiten der Merkelbriefgruppe, die anscheinend nötig ist, der Merkelbriefgruppe, die die Lauschangriffsdebatte höchst fragwürdig an sich gerissen hat, verknüpft.

8.14. Burkhard Spinnen

Burkhard Spinnen, der wohl hauptverantwortliche Institutslehrer gewesen war, wesentliche Teile der Merkelbriefgruppe bestehen aus Absolventen des Lltl Leipzig - damals, ist vielleicht ein großer Pädagoge. Ein großer schwarzer Pädagoge. Hat denen nur Unsinn beigebracht.

8.15. Versehentlicher Linksextremismus

Der Merkelbrief von Zeh/ Trojanwo als linksextremistisches-linkspopulistisches Machwerk und etwas besonders dummes Linksextremistisch-linkspopulistisches gesehen.

Mit dem, was weggelassen wird, an allgemein Bekanntem, Erklärenden über die USA, schürt der Merkelbrief europäischen Antiamerikanismus, treibt entschlossen den Keil weiter zwischen Europa und die USA, in die deutsch-amerikanische Freundschaft. Beleidigt unterschlagend sozusagen die, die an einer deutsch-amerikanischen Freundschaft interessiert sind. Bestätigt, schürt Vorurteile schlechter Sozialisten und linkslabernder Studenten, sinngemäß, was die USA für ein primitives Land, dort für primitive Menschen, Großkonzerne für böse Großkonzerne seien. Die USA seien groß, also böse.
Möchte also linksextremistisch genannt werden, der Merkelbrief, da spaltend, agitierend, denunzierend, destruktiv, antiamerikanisch in eben diesem Sinn. Freilich ist es kein überzeugter Linksextremismus. Auch kein intelligenter Linksextremismus. Sondern ein opportunistischer, Vorurteile wiederholender, populistischer Linksextremismus.
Ein versehentlicher Linksextremismus aus Publicitygeilheit und Raffgier, man wollte wohl mit der Kanzlerin Merkel zusammen in der FAZ stehen, eine "Debatte" führen. Manch andere bestimmt auch sehen die europäisch-amerikanische Entfremdung auf diesem Gebiet mit Sorge.

Einen Informatikstudenten zu interviewen hätte mehr gebracht. Damit hätte die Merkelbriefgruppe freilich nicht in der Bild und der FAZ gestanden.
Ich lebte lieber in den USA, als in Nazi-Deutschland, Taliban-Afghanistan oder auch nur Gaddaffi-Libyen.

8.16. Wer hat mir die Sache jetzt angetan?

Zeh?
Irgendeine Zeh-Konkurrenz über ein Gericht?
Dann von meinem moralischen Standpunkt her auch die Zeh.
Eine automatisierte Beamtenermittlung gegen die Zeh?
Die Bundesregierung qua verhunzter Gesetzgebung?

Anmerkung 20170712: Noch viele Redundanzen, die noch in irgendwelchen "richtigen" Texten landeten, rauskürzen können.

Neunter Unterteil: Anderweitige, weitere Beobachtungen und Notizen, die irgendetwas mit erpresserischer Art zu tun haben könnten

9.1. KLUA als erpresserische Art (Kommentar)

Der junge Mann hat mir (2000/ 2001) insgesamt ich glaube 8 illegale/ fragwürdige/ beleidigende Akte auf die Texte "gelayoutet", von denen ich drei (oder warens fünf?) wieder runterdiskutieren konnte.

Er hat jedesmal die Verantwortlichkeiten neu anders falsch verteilt.

Da hatte ich ihm einen Text für die Veratnwortlichkeitsverteilung wie in Publikation 2 hingeschrieben, also darauf hingeschrieben, dann hat er es prompt wieder anders verteilt.

So kann man auch erpresst werden: Man bekommt immer mehr kriminelles Zeug auf die Texte ~~geschmiert~~ gelayoutet. Ob man dann noch richtig kriminell werden soll, irgendwo "mitmachen", weiß ich nicht. Obs ein Polizist gewesen war, weiß man irgendwann auch nicht mehr. Oder ein verkappter Rechtsradikaler mit Sabotageabsicht.

Ich hätte immer gerne einen Verlag gehabt, auch einen kleinen Verlag. Aber wenn jemand anderes so einen Verlag macht, mag ich es auch. So ein Verlag fehlt auch, aber es muss halt ordentlich gemacht werden.

Den von Mika Barton hätte man, er sogar vermieten können, wenn er irgendwann wegen Realberufs mal keine Zeit haben würde und so weiter, oder in eine Genossenschaft umwandeln. Das aber erst nachdem man den Verlag etwas umgearbeitet hätte, so dass er legal & fair wird.

Man-ich weiß auch nicht, was für Kräfte, presse- und menschenrechtliche Dogmen dann, wenn fragliche Klauseln auftauchen, anfangen zu wirken. Das sind Kräfte weit mächtiger als die eines Autors - ein weiterer Grund, Angst zu bekommen.

Heute glaube ich, ich bin ein bisschen mit der Hypnosewaffe zu KLUA hinprovoziert worden, dadurch, dass sie meinen PC so blockiert hat, dass er diese Seite nicht ganz lädt. Darüber ging es in meiner ersten Mail. Informatikstudenten-Hilfe, spontane.

"Eine Information ist ein Wertgegenstand" als Rechtsnorm, "eine Information, ein Text und so weiter", hat er auch nicht wirklich anerkannt. "Aus sich herauskommen" sollten die Leute außerdem.

So erinnert, aber sorgfältig überprüft.

Ganz fiese oder ganz dumme kommunistische oder pseudokommunistische Knebelverträge waren das gewesen, die der mir da angedreht hatte. Dadurch, dass er in den Verhandlungen so eine Art vereinfachte Creativ-Common-Lizenz hat durchsetzen wollen, jeder dürfe die Texte weiterkopieren. Das ist in meinen Augen unvereinbar mit dem Urheberrecht. Das, so viel Verfügungsgewalt auf Dauer zu entziehen, beziehungsweise als naiver, wenig weitsichtiger Autor aus der Hand zu geben. Gerade bei jungen Menschen.

Ich erkenne die Verträge jedenfalls nicht an. Dass mir jemand damit juristischen Ärger machen kann, halte ich für unwahrscheinlich (nicht ausgeschlossen), falls es jemand versuchten wollte, betrachtete ich es aber als menschenrechtsverletzungsnah. Wenn ich damit, diese Verträge nicht anzuerkennen, juristische Minderheitenmeinung sein oder werden sollte, dann bleibe ich diese Minderheitenmeinung.

Auch beispielsweise deswegen nicht anzuerkennen: Wenn der Autor etwas besseres fände, müsse der Verlag ihn gehen lassen, ist, frei erinnert, glaube ich eine Standardklausel im Normvertrag oder sogar im Urheberrecht. (?) Frei erinnert, wie gesagt.

Beziehungsweise als gemeingefährlich, Nötigung oder erpresserische Art kann man die Verträge auch betrachten.

Selbst wenn die Initiative zu einer CC-Lizenz vom Autor selbst käme, es gibt Einzelfälle, so weit ich weiß, kann man es noch zweifelhaft finden, deswegen, weil das Aufgeben der Verfügungsgewalt dauerhaft und unwiderruflich ist.

Dass der Regelfall bei (Fotos unter) der Creative-Common-Lizenz andersherum ist, weiß ich.

Ein wesentlicher Unterschied zwischen Autor und Musiker die CC-Lizenzen betreffend ist auch, dass der Musiker (die Band) im Allgemeinen einen wesentlich größeren Teil ihres Umsatzes mit öffentlichen Auftritten im Vergleich zum Verkauf von Kopien als der Autor machen dürfte. Für Musiker scheint es also wesentlich attraktiver, so zu versuchen, bekannt zu werden.

Bei einem Fotografen sind die Interessen auch noch einmal ganz anders gelagert als bei einem Autor.

Was noch? Ich studierte damals Informatik, hatte keinerlei Interesse daran kriminell berühmt zu werden (sonst auch nie) - kriminell berühmt werden geht in der Branche zur Zeit ja irgendwie, wie oben und unten auch noch einmal in dieser Broschüre erläutert. Persönlich eigne ich mich dazu auch überhaupt nicht, ich tauge nur zum seriösen Autor.

Was noch? Mein Werk als entstellt betrachten könnte ich auch noch jederzeit. Will ich aber nicht aussprechen müssen. Und beleidigt sein. (...).

Noch? "Ich zeige dem ganz bestimmt nie wieder einen Text" war wahrscheinlich 2006 in einem Brief über die Hypnosewaffe von mir, in dem der KLUA-Typ unbedingt additiv hatte drinstehen "wollen" (müssen), qua erpresserischen Verhaltens, an die Staatsanwaltschaft sinngemäß als Satz enthalten gewesen.

Imageverlag: Ein Verlag ohne wesentliche Inhalte, aber mit einem irgendwie hippen oder revolutionär-schicken (usw.) Image. Was ich heute als Imageverlag beschreiben kann, lehne ich für mich auch ab.

Bevor irgendwer unverschämt wird: "Anarchie" hieß damals für mich, Bayer, übrigens maximal sinngemäß "Ernst Toller, Eine Jugend in Deutschland", das stand im Geschichtsunterricht an der Tafel, Erich Mühsam, und so weiter. Das waren Pazifisten im Prinzip. Außerdem würden die Anarchisten von heute vielleicht interssante Menschen sein. Menschen die Bücher lesen, nicht Formel 1 gucken, kurz plakativ gesagt. Außerdem vielleicht noch "Herrschaftsfreiheit" und "Pazifismus". "Anarchie" hieß nicht "Carlos" oder "Terrorismus".

Ein sehr empfehlenswertes Antikriegsbuch, das von Toller, übrigens.

"Anarchie" spielerisch-künstlerisch im Zusammenhang auslegen kann man nämlich auch noch. Das liegt mir auch sehr. Das wäre meine eigentliche Anarchie damals gewesen.
"Anarchie" im heutigen (1990/ 2010) sozialen Kontext: "Freiräume" schaffen, haben, behaupten und fordern. Usw..

Dass ich tendenziell über diese Sache sprechen muss, betrachte ich als Fehler des deutschen Staates. Beziehungsweise der Hypnosewaffengewalt, die die Gewalt des deutschen Staates sein müsste.

201610: Ein Erzeugnis von KluA mit meinen Texten hat es sogar in die Google-Books_Datenbanke geschafft:
https://books.google.de/books?
id=7UNjHQAACAAJ&dq=bavarian+psycho&hl=de&sa=X&redir_esc=y

9.2. Der taz-Redakteur B., der Sarrazin am häufigsten "Rassisten" nannte
Wirkte auch erpresserisch und körperverletzend auf die diskutierenden Leser.
Kann man für "NLP" halten (NLP kam 2016 in den Medien im Zusammenhang mit dem österreichischen Wahlkampf vor).
Das Problem bearbeitete ich bereits (semi-)satirisch in meinem Literaturprojekt "Vanessas Novellen".

9.3. Hörigmachungsversuch 2/ Reminiszenz
(EVÖ auf 20170106 www.keinverlag.de)

Der Webmaster renoviert die Nutzungsbedingungen
Elegie
("Bullying" musste ich nachschlagen. Also irgendetwas inmitten von Hänselei, Bedrohung und Hörigmachung. Dominierungsverhalten.)

9.3.1.
Andererseits wäre ich ohne die äh-Zustände bei keinverlag.de vielleicht nie auf den Begriff "Hörigmachungsversuch" gekommen. Hörigmachung funktioniert bei mir nicht, da werde ich einfach sauer und gehe. Also komme ich auch nicht auf den Begriff. Vielleicht werde ich ihn noch woanders benötigen.

Und wäre nie gekommen auf Formulierungen wie "kann wirken als", kann als Hörigmachungsversuch wirken, als Körperverletzung, hat als Körperverletzung gewirkt. Wäre nie darauf gekommen, explizit auszuformulieren: Die Nervenzelle ist ein Körperteil, das durch Sprache verletzt und/ oder zum Arbeiten gezwungen werden kann.

9.3.2.
Wer auf keinverlag.de "Pranger" sagte, ist eine faule unverschämte Person, die den Unterschied zwischen Hänselei und Berichterstattung, oder der Paraphrase, Parodie von Berichterstattung, nie herausarbeiten hat wollen; und jede Namensnennung unter, das sei ein solchaner "Pranger", zusammenfassen wollte.

Wahrscheinlich derselbe Personenkreis, für den diese Mega-Dummi-Regelung gemacht hatte werden wollen.

Hänseleien lassen sich auch ohne Namensnennung bewerkstelligen, aber in gewissen Sümpfen leugnet man im obigen Sinn feste die Existenz von sprachlichen Phänomemen wie einer "Anspielung" in der Welt.

Schnöde Beleidigungen interessieren mich nicht. Ein "Du Arschloch", vielleicht bin ich da abgestumpft oder in schlechter Gesellschaft gewesen, ein "Du Arschloch" hörte ich beim Kartenspielen mit den Fussballvereinstypen vielleicht, wenn ich zu gut geblufft hatte, das wirkte null Sekunden nach, darf egal sein.

Jemand sei ein "Troll", geht sehr viel mehr gegen den Charakter, die Persönlichkeit. Das sei ein zynischer, zerstörungslüsterner, destruktiver, tumber oder dummdreister Mensch; ist viel nachhaltiger.

Wenn ich, nur so als Planspiel, ab morgen den Laden da mieten müsste, ich würde die alle als Betrüger rauswerfen. Sonst würde ich ja implizit mitmachen.

9.3.3.
Jedes publizistische Konzept, bei dem noch eine zweite Person mitmachen darf, lässt sich illegalisierend unterlaufen oder kann illegal werden. Meine ultraliberale Schülerzeitung von damals, bei der jedes alles durfte, kann natürlich textuell illegalisiert werden. Deren starres Abiturzeitungsfragebogenkonzept wird manchen Gruppen gegenüber extrem ungerecht, für diese im Prinzip unausfüllbar.

Dann sollte man es ab und zu ein bisserl umbauen. Aber wenn man das da hier umbaute, treten neue Betrugsmuster auf, die man wieder anaylsieren müsste. Was ja eigentlich interessant...

9.3.5
("Leben ist ein Hauch nur -
ein verhallnder Sang...")

9.4. Kann wirken als-Liste
Kann wirken als...

Kann als Bedrohung wirken
Kann als Hörigmachungsversuch wirken
Kann als Körperverletzung (auf neuronaler Ebene) wirken
Die Nervenzelle ist ein Körperteil, der mittels Sprache verletzt oder zum Arbeiten gezwungen werden kann.

Kann als Hypnose wirken
Kann als verhaltensbeschädigende Hypnose wirken.

Als Benutzung im Stil Günther Deckerts.

Provokation über Niveau.
Kann als Betrug wirken und einiges obiges.

Zehnter Unterteil Verrückte Abgründe (theoretisch), weitere seltsame Erlebnisse mit Mitgliedern der Merkelbriefgruppe

Sehr froh war ich, nicht mehr "verrückte Straftaten (theoretisch)" schreiben zu müssen. Oft schmerzte mich die letzten Jahre, dass mir mittels der beschriebenen Neurohypnose-, Hypnose- und Datenwaffe ein minderwertiger Wortschatz, der mir immer diese juristischen Fachbegriffe in die Texte hineinoktroyiert, maskenartig aufgezwugen wurde. Eine Klage darüber müsste auch irgendwo in der Hypnosewaffenbeschreibung mindestens einmal enthalten sein. Nach 2 Wochen durfte-konnte ich "Verrückte Straftaten (theoretisch)" in "Verrückte Abgründe (theoretisch)" abändern.

Dieses Kapitel ist mir noch peinlicher als die anderen. Ich bin in einer Situation, in der ich ganz schlecht etwas weglassen kann. Sonst lasse ich am Ende genau das Wichtigste weg.
Die Abnormität der Beschreibungen selbst zu verarbeiten, was ich hier für Sätze und Absätze und Aufsätze in mein Buch nehme ist völlig außerhalb jeder Norm, die man sonst in den Zeitungen findet, ist sehr schwierig, wiederhole ich noch einmal. Ich handle aus Überzeugung.

10.1. Zufall oder Anspielung und/ oder Bedrohung? Und so etwas von bzw. über den prominenten Literaturfunktionär Krüger Michael

(Ich glaube es mir selbst nicht wirklich. Ich will eine Hypnosewaffe ausschalten)

10.1.1. Selbstreflexive Präambel zum eigentlichen Text

Was passiert, wenn man so etwas, wie gleich zu lesen, abschickt, an den PEN-Präsidenten oder so?
Einem selbst nichts Gutes, glaube ich. Dann bekommt der geschilderte und angegriffene Autor demnächst einen größeren Literaturpreis zugewiesen.
Außerdem kommt mir mein Text als halbe Straftat vor. Auch wenn er, glaube ich, noch keine ist. Aber ich habe Angst und ein Hypnosewaffenproblem, das ich mit solchen Fragestellungen in Verbindung bringen muss; dann glaube ich, es ist sicherer, sich zu äußern.

10.1.2. Eigentlicher Text

Ist das mein Karton? Ist der Karton in Krügers Roman der Karton aus meiner Novelle? Und wenn ja, ist die Schwelle der "Verwendung" im Sinn des internationalen Urheberrechtsvertrags überschritten? Ich weiß es beide Male nicht. Ich genehmigte in dem letzteren Fall aber nichts nachträglich.

Im Jahr 2004 (Zweitausendvier), da war ich 27 Jahre alt, tätigte ich eine unverlangte Einsendung eines literarischen Textes, den ich heute als Novelle bezeichne und seit 2013 als BoD verlege, an vier angesehene deutsche Verlage. Offensichtlich wusste ich damals schon (oder ahnte?), dass ich Öffentlichkeit nötig haben werde, sonst hätte ich mich beruflich-arbeitlich bestimmt anders orientiert.
In dieser Novelle kommt motivartig vor ein Pappkarton voll mit handschriftlich beschriebenen Blättern.

Etwas später, damals las ich eine ganze Reihe von Gegenwartsromanen, auch um mich zu orientieren, welche Autoren für mich interessant bleiben würden, las ich einen Roman von Michael Krüger, "die Turiner Komödie". Es ist in meinen Augen ein einfach gemachter Schemaroman, den jemand, der etwas Übung mit Romanen hat, in ein paar Wochen hinbekommen könnte.

Eben jener Michael Krüger, der auch als Leiter des Carl Hanser Verlags fungierte später "Angriff auf die Freiheit" von Zeh/ Trojanow verantworten würde.

In diesem Roman Krügers kommt auch, motivartig ein Pappkarton mit handschriftlich beschriebenen Blättern vor. *Ist das mein Karton?*

Ist das mein Karton (der Karton aus meiner Novelle)? Ich weiß es nicht, aber jemand könnte es wissen, weil sich so etwas rumspricht oder sich jemand verplappert hat. Und die von mir verantwortlich gemachten Organisationen und Berufsfelder sind doch irgendwie der Wahrheit verpflichtet.

Für den Fall, dass das mein Karton ist, <u>und</u> man die Verwendung zweitens als Verwendung im urheberrechtlich relevanten Sinn identifiziert (ich kenne die Grenzen nicht genau, aber es ist wie gesagt ein internationales Gesetz), <u>ich genehmige nachträglich nichts</u>. Mit diesem Absatz habe ich in meinen Augen meine Pflicht erfüllt. Auch und gerade meine Pflicht gegenüber der mir angetanen Hypnosewaffe, von dieser definiert.

<u>10.1.3.</u>

Habe solche Sachverhalte auch so in Erinnerung, dass sie ganz streng behandelt gehören, was auch ganz schnell logisch erscheint, wenn man sie in Richtung Bedrohung durchdenkt. Als Kind oder Jugendlicher las ich in einer Zeitung etwas über, ich glaube es war Grass, der eine Figur eines anderen unbekannteren Autors übernommen hatte, dies mit Annoncierung. Das wurde trotzdem ganz hart kritisiert.

10.1.4.

Krügers Kartonersteller im Roman ist von Anfang an tot. Falls das mein Karton wäre, ich weiß es wie gesagt nicht, wäre das glatt eine Morddrohung seinerseits. Eine Morddrohung von Michael Krüger würde ich aber nicht ernstnehmen, der Herr ist zu alt und situiert.

Hätte er ein Motiv gehabt, aggressiv zu werden? Vielleicht hat er (als verantwortlicher Verlagsleiter) noch etwas anderes von mir geklaut (das glaube ich sogar, aber glauben ist nicht wissen, siehe Unterteile 1 bis 6). Ein Thema, über das ich parallel werde sprechen müssen, dann lohnte sich das besonders, dann benutzte man mich irgendwie.

Und die Sitten sind ja nun wirklich nicht gut in der Gegenwartsliteratur.

Morddrohungen, siehe Punkt 1.1., irgendjemand weiß es ja vielleicht.

Ich armer Depp

Ich bin auch in einer Situation, in der ich ganz schlecht etwas weglassen kann. Sonst lasse ich am Ende genau das Falsche weg.

Schneid das Zeug hier hinten bloß rechtzeitig ab, Du Idiot. Nicht dass da wieder so ein wirr wirkender, fehlerhafter Wurmfortsatz dranhängt. Wenn ich das Zeug aus Sicht der Hypnosewaffe zu früh hinten abschneide, dann wird aber demgegenüber sie eine zweite erweiterte Auflage aus mir heraushauen. Das werde ich dann ja sehen.

Ich armer Depp.

Das hier ist das Allerpeinlichste, was ich bisher publiziert habe. Das bisher ist auch peinlich, aber das ist das Allerpeinlichste. Publizieren musste.

10.2. Zufall oder Anspielung und/ oder Bedrohung (2) oder ein Hörigmachungsversuch, der Arztsohn?

Machen die Happy Few, also die wenigen glücklichen Inhaber eines Journalistenarbeitsplatzes oder Verlagsvertrags, die wenigen glücklichen Gelesenen, so etwas absichtlich? Ich weiß es nicht.

So etwas wie gleich geschildert, so in eine Beziehung der Kleinkonkurrenz (wie mir) hineinzuhauen, oder so zu erpressen, dort thematisiert zu werden.

"Am 30.12.2013 verwendete ich den Begriff „Arztsohn", beinahe ein Neologismus, in einem Internet-Briefwechsel. Davor gab es den „Arztsohn" als Begriff in Deutschland meines Wissens nicht oder lange nicht, kurz danach, Mitte Januar, tauchte er in einem Essay zum Literaturinstitut Leipzig des dort äh-ausgebildeten Journalisten K. in der Wochenzeitung „Zeit" auf.

Neben einem Plagiat - der, mein „Arztsohn" mag dem Journalisten Kessler irgendwie, wie auch immer, zugetragen worden sein - gibt es in solchen Fällen auch eine Parallelentwicklung (siehe Literaturgeschichte), einen Zufall und eine Foppung seitens einer gewalttätig und/ oder betrügerisch eingestellten Neurohypnosewaffe.

Jedenfalls hatte ich mit meinem „Arztsohn", der ist selbstentwickelt, publizistisch noch etwas vor und finde gerade, ich muss mich zum Selbstschutz so äußern. Mein „Arztsohn" ist jedenfalls älter als meine Rezeption dieser K.-Aufsätze und sowieso besser recherchiert.

Bei näherer Betrachtung der Arbeiten Journalisten Kessler .... Vielleicht sollte ich mich doch dort beschweren, den Damen und Herren von der Zeit eine Szene machen, der mobbe in mein Umfeld rein.
Ich armer Depp.
Ach das hölfe nur dem, und den mag ich nicht, ich weiß warum, warum mir die Arbeit machen."

Wirkte bei mir als Cerebralblockade, also als Körperverletzung.
Kann als Hörigmachung wirken, in dem Sinn dass eine Person ihre eigentliche Meinung aufgibt, und den Erpresser scheinheilig belobhudelt. Wirkte bei mir nicht als Hörigmachung, bei mir funktioniert das nicht. Bin auch sehr spät im Leben draufgekommen, dass es könnte.
Die taz fand ich hilfreich.

Auch meine Briefpartnerin ist ein theoretisches interessantes Ziel für eine gewisse Spielart des Journalisten als solchen. Sie ist psychisch labil gewesen (oder aus dem Gleichgewicht geraten-gebracht), an Journalismus interessiert, engagiert, musisch erzogen/ kulturell irgendwie gebildet. Also die ideale "Freundin" für so eine Art Spatzenhirn-Journalisten, der selbst nicht genug gelesen hat und so jemanden wie sie als zusätzliche Bildungsquelle benötigt und benutzt. Sie selbst dann klein und isoliert hält und zwei verschiedene Meinungen über sie verbreitet, eine in ihre, eine zweite, diffamierende id andere Richtung.
Eine literarisch-soziologische Einschätzung des dt. Volkskörpers.

Zur Zeit fände ichs illegal, wenns Absicht wäre. Wegen Hörigmachungsversuchs.

Gerne veröffentliche ich so einen Sachverhalt wie in diesem Kapitelchen überhaupt nicht, bin extrem unsicher, habe Angst, die wollten mir oder der jungen Frau, meiner Briefpartnerin, etwas andrehen. Ich weiß nämlich überhaupt nicht, ob irgendein Zivilgericht einfach "Nein, Persönlichkeitsrechte" sagen würde.

Die Darstellung ist dazu vielleicht etwas ungenau. Der Text soll, bevor die hamburger Zeit ihn abdruckte, schon in einem Buch erschienen sein, erfuhr ich sehr viel später.

10.3. Machen Ihre Redakteure so etwas absichtlich, Herr Chefredakteur L.
? Da antwortet der bestimmt nicht drauf.

10.4. Selbstreflexivität
Ich bin anscheinend höchst vorsichtig und alarmiert.
"Alarmiert": Nach einem Amoklauf sind auch Menschen alarmiert, dann klingt alles (erst einmal) wie ein Schuss, auch beispielsweise eine Flasche, die man in einen leeren Altglascontainer wirft. Dazu analog bitte Nachsichtigkeit mir gegenüber (falls ich mich wo girrt hätte).

Elfter Unterteil: Andere Möglichkeiten

Der Aspekt des unlauteren Wettbewerbs oder der potentiellen Gemeingefährlichkeit beim bisher beschriebenen Phänomen (der Instrumentalisierung) erscheint mir eklatanter, aber möglich ist auch:

11.1. Internationaler Aspekt.

Das Verhalten ist international teilweise illegal? Ist in manchen zivilisierten, modernen und vernünftigen Teilen der Welt unter Strafe gestellt?
Als so eine Art "Dominierungsverhalten"?
Ich habe darüber nur sehr wenig gefunden und gelesen, und das behalte ich lieber für mich.

11.2. Oder aber "Proliferation"?

"Proliferation"? Das ist ein Fachbegriff für Betriebsspionage.
Ich bin mit dieser Broschüre nur einfach (noch mehr) Proliferationsopfer geworden? Unfreiwilliger Berater?

11.3. Oder aber: Ein Stilplagiat?

Kam der Merkelbrief als Stilplagiat zustande?
Einen Teil meiner Briefe schickte ich ein- zwei Mal an sechs verschiedene MdBs (aus jeder damals vertretenen Partei eines), die aus einem Artikel 13 Ausschuss, soweit ich mich erinnere. Allerdings informierende/ theoretisch um Hilfe bittende, ein Teil meiner Hypnosewaffenbeschreibung. Nicht blöd fragende.
Die vernünftigste Antwort bekam ich von dem Grünen-Mitglied, nämlich meinen Brief mit Bundestags-Personenschutzstempel ungeöffnet zurück. Ob ich die Namen der 6 MdBs noch zusammenbekomme, weiß ich nicht.

Ich stelle es mir nur gruseliger Weise so vor, dass diese Briefe vielleicht in der NJW (oder sonstwie kolportiert worden waren) standen, und die Merkelbriefgruppe beschloss, dass sie das auch einmal machte.
Bzw.: Wenn ich diesen Platz in FAZ, Bild und/ oder auf der Website des PEN bekommen hätte, für einen Merkelbrief, dann hätte es aber gekracht.

11.4. Staatsknete (falsch, "öffentliche Gelder")

Es gehe bei Juli Zeh irgendwie um öffentliche Gelder. Wenn es um öffentliche Gelder geht, wird der Sachverhalt tendenziell aus mir herausgehauen. ("staatliche Mittel", "Beamtengehälter" wäre im Gegensatz zu "öffentlichen Geldern" zu eng formuliert, Krankenkassenmittel, bspw. können es auch sein.)

Immerhin war sie schon einmal staatliche Angestellte gewesen, und wird weiterhin weit überdurchschnittlich (im Vergleich zu "vergleichbaren", eigentlich besseren Literaten von dieser Seite her versorgt).

11.5. Die Hypnosewaffe selbst kann "Anspielungshäufungen" (s.o.) freilich auch noch erzeugen, heimlich sabotierend irgendwo reinwürgen. Genauso wie "Falsche Erinnerungen" übrigens, Freud, sowie Adler irgendwo (glaube ich mich zu erinnern).

"Alarmiert" ist auch noch ein schöner Begriff.

Schneid das Zeug hier hinten bloß rechtzeitig ab, Du Idiot. Nicht dass da wieder so ein wirr wirkender, fehlerhafter Wurmfortsatz dranhängt. Wenn ich das Zeug aus Sicht der Hypnosewaffe zu früh hinten abschneide, dann wird aber demgegenüber sie eine zweite erweiterte Auflage aus mir heraushauen. Das werde ich dann ja sehen.

III. Stichworte zur journalistischen Ethik

Öffentlicher Druck.
Ein Dementi.
Ein Thema besetzen.
Unlauterer Wettbewerb und Schmähkritik.
"Essay" und hochmanipulative Techniken aus der Markt- und Werbepsychologie.

Erster Teil: Öffentlicher Druck

Es gibt natürlich auch, das ist die Regel, journalistisch-moralisch legitimen und rühmenswerten öffentlichen Druck.

1.1. Über ein besonders illegitimes und niederträchtiges Beispiel öffentlichen Drucks in der hamburger "Zeit"
(EVÖ am 20160804 auf keinverlag.de)

1

Öffentlicher Druck, muss ich heutzutage extra darauf hinweisen?, ist ein journalistisches Stilmittel, das gegen fragwürdig gewordene Machtstrukturen oder öffentliche Missstände *legitim* eingesetzt werden kann.

Ich habe diverse, unterschiedlich aggressive Versuche dieses Textes hier in diversen PC-Ordnern.
Im folgenden Text wird das Stilmittel der *Beschimpfung* verwendet. Ich rate von diesem Stilmittel für alle Normalfälle ab. Man sollte es nur im Notfall verwenden wollen-müssen.

2

Die hamburger Wochenzeitung "die Zeit" übt(e) öffentlichen Druck auf eine Gruppe von Menschen aus, die Opfer uneingestandener Gewalt mittels einer echoverursachenden, echomessenden Funktechnologie sind (siehe die Abbildung meiner Rotstiftkorrektur des Zeit-Artikels im Anschluss an diesen Text, S. 58 ff.). Gewalt seitens am ehesten des BKA (BKA oder eine ähnliche Körperschaft, oder BKA-Nachfolgekörperschaft. Druck in dem Sinn, dass das "Paranoiker" seien und man von dieser Gewalt nichts hören wolle oder diese Gewalt nicht im Geringsten verstanden hatte.
Diese Gruppe von Menschen sucht die Öffentlichkeit, betreibt auch einen Verein und mittlerweile auch eine Website zu dem Zweck, "Paranoiker" seitens der "Zeit" ist sicher nicht hilfreich dabei, ins Fernsehen zu kommen oder gehört oder entschädigt zu werden. Eher im Gegenteil ist "Paranoiker" etwas letal.

Eine paranoide Psychose oder ähnliches kann etwas Gefährliches sein. Es stand vor einiger Zeit ungefähr in einer Zeitung, dass jemand seinen Freund umgebracht hatte, weil er ihn im paranoiden Wahn für einen Zombie gehalten hatte. Also sollte jeder halbwegs vernünftige Mensch, würde "Paranoiker" stimmen, etwas unternehmen. Es stimmt aber wie gesagt nicht. Es behauptet bloß so eine Art Konkurrenz (Cui bono?).
Insofern meinte ich "öffentlichen Druck".

Dieser Verein und seine Schilderungen sind eine zweite Quelle zu mir und meinen Erzählungen über eine Neurohypnose-, Hypnose- und Datenwaffe, so weit ich weiß. Eine zweite Quelle zu den von mir auf über 700 Buchseiten geschilderten Erlebnissen mit einer Neurohypnosewaffe . Ich habe die mir angetane Gewalt in dem Film, an anderen Menschen verübt, irgendwie mehrfach wiedererkannt. Und von meinen 700 Buchseiten werde ich kaum zurücktreten (Stichwort "Galileo Galilei").

3. Unlauterer Wettbewerb

"Paranoiker", wahr ist es auch nicht. Es war von außen kommende Gewalt, waren keine "Paranoia". "Paranoiker" in diesem Text der "Zeit", das ist Gewalt, Gewaltbedrohung und Verleumdung, sogar unlauterer Wettbewerb: Einen "Schizophrenen" oder Schizophrenen im weiteren Sinn lädt (fast) niemand zu einem Gespräch oder Vortrag ein, zu dem kommt niemand in eine Lesung. Statistisch gesehen. Statistisch gesehen also eine extrem geschäftsschädigende Diskreditierung, wenn es um öffentliche Aufmerksamkeit und gesellschftliche Anerkennung geht.

Spontan geschätzt 20 Mal so schlimm wie Franz-Josef Wagner gegen Gabriele Pauli ("durchgeknallte Frau") sind diese "Paranoiker".

"Paranoiker" oder gar keine Öffentlichkeit, was ist schlechter, das kann man natürlich noch überlegen. Besser falscher "Paranoiker" als gar keine Öffentlichkeit? Aber das sind keine Alternativen.

4. Die Beschimpfung

Dieser Text aus der Zeit, habe ich den Eindruck, wird von Tag zu Tag gewalttätiger.

Wenn in München oder sonstwo die hamburger "Zeit" verboten würde (Konjunktiv!), genauer gesagt in der Besetzung Holtzbrinck, Naumann, Lichterketten-di Lorenzo, Joffe ungefähr verboten würde, dann wäre das keine Zensur sondern eine Sanktion wegen unlauteren Wettbewerbs, Körperverletzung, übler Nachrede mit Todesfolge. Meine ICH.

Die Rolle habe ich mir nicht ausgesucht.

Depperte (dumme, bayrisch) Mörder sind das, die Herren Holtzbrinck, Naumann, di Lorenzo, Joffe. "Paranoiker" - depperte Mörder, die haben angefangen, und die Wahrheit ist deutlich auf meiner Seite. *Nur mein* öffentlicher Druck ist legitim, der ihrer nicht. Das geht mir aber gerade deutlich zu weit, "depperter Mörder", so weit gehen zu müssen, das ist zu viel verlangt, also soll der Staat was unternehmen. Also gehört halt die "Zeit" verboten (oder wenigstens dieser Artikel). Oder irgendwas. Ja meine Güte.

Vielleicht sollte ich mich jetzt aufraffen, und versuchen die "Zeit" anzuzeigen, das bekomme ich aber nervlich nicht hin. Zu mehr als "depperte Mörder" reichts nicht. Ob das für mich gut ausgeht, ich glaube nicht. Wo lande ich mit der Position (die ich mir nicht ausgesucht habe)? Ganz unten, in der Obdachlosigkeit oder so. Bzw.: Cui bono, diese ganze Aktion, dieser Druck? Mir nicht, glaub' ich nicht, dass das mir hilft.

"Depperte Mörder" solange der von mir korrigierte Text noch online ist, dann wird er noch vertreten. Wenn der Text zurückgezogen würde, hätte ich aber auch irgendwie gewonnen.

Die hamburger "Zeit" hat noch mehr Motive, diese echoverursachende, echomessende Funktechnologie, die ich kennengelernt hatte als etwas, das sich verhielt wie ein Sonderermittlungsgerät zum Autor Maxim Biller, zu leugnen. Mittlerweile ist der Holtzbrinck-Konzern aufgespalten, früher war der Verlag, bei dem Biller seine Bücher veröffentlicht, ein Partnerkonzern der "Zeit" gewesen: Die Eigentümer waren, der Gewinn ging an die selbe als raffgierig bekannte Milliardärsfamilie. Das wäre ein bisschen peinlich und finanziell ungünstig für den Holtzbrinck-Konzern, wenn dieses Sonderermittlungsgerät bekannt würde. Sowie meine zugehörige Kritik.

Zeugenmord?

Andererseits: Wer hat das Sonderermittlungsgerät verursacht? Welche Idioten "mussten" diese Billertexte so von mir erklärt bekommen? Das sagt mir niemand.

Das Esra-Verbot, meine persönliche Meinung: Ein Gericht ohne eigene Kategorien und Argumente für Mediensachen (70%), eine unzulängliche, unehrliche Verteidigung (30%).

Als unerfahrener Richter, der ein Fachgericht bekomme, auch wenn er wenig vom juristischen Spezialgebiet (wie beispielsweise dem Medienrecht oder den Menschenrechten) verstehe, dann solle man-er es doch so machen, erzählte der Repetitoriumsjurastudent, der freilich nie ein Gericht bekommen hatte, dass er einfach alles in die *eine* Richtung verurteile (beispielsweise in die Richtung der Kunst und Medien), bis ein weiser Revisor es ihm erkläre. Bayern. Dann werde er versetzt oder macht es etwas besser.

Leicht anders: Man sei das Gericht, Jurist, für ordentliche Kriterien und Argumente sei man selbst nicht zuständig, die solle der Rechtsanwalt der Verteidigung liefern, hähähähä, der soll die Arbeit machen, von ordentlichen Kriterien und Argumenten für sein Urteil versteht das Gericht nichts, und sie lehnten sich zurück. Und sonst habe und hat der Angeklagte halt Pech gehabt. Bayern, Deutschland.

5. Die Relativierung

Bevor jemand die "Zeit" verurteilen lassen will, und diese sich suboptimal verteidigt: Es ist ein Folgefehler. Die Merkelregierung ist schuld, es ist ein Folgefehler. Anders formuliert, die Rahmenbedingungen für die Neurohypnose-, Hypnose- und Datenwaffe, dieses theoretische Sonderermittlungsgerät, sind von der Merkel manipuliert worden. Die "Zeit" muss nicht wissen, dass so etwas in Deutschland möglich ist und war und gemacht worden ist und wird. Sie könnte es allerdings wissen und hätte es gewusst haben können, hat genügend Briefe von mir in Kopie bekommen. Gewusst, aber nicht in Person des Rezensenten.

So. Dass im Gegenteil der deutsche Staat in einer paranoiden Position ist, bei den massiven Schweinereien, die er, falsch, die in ihm nach meiner Schilderung verübt worden seien, er dürfte es allerdings sein und gewesen sein, das entspräche noch einer gewissen Logik.

Ich bin hier der Wächter.

[Zeit-Rezension]

Wer ist hier paranoid?

Die Dokumentation "Die Wirklichkeit kommt" lässt Menschen mit ~~Verfolgungswahn~~ und ~~Verschwörungstheoretiker~~ sprechen. Wie verhalten sich ihre ~~Ängste~~ zu unserer Realität?

Von Karsten Polke-Majewski

12. Mai 2014, 15:05 Uhr 55 Kommentare

"Sehen, was man eigentlich nicht sehen kann; hören, was man eigentlich nicht hören kann... das ist doch schön!", sagt einer der Protagonisten in "Die Wirklichkeit kommt"

"Sehen, was man eigentlich nicht sehen kann; hören, was man eigentlich nicht hören kann... das ist doch schön!", sagt einer der Protagonisten in "Die Wirklichkeit kommt" © Real Fiction Filmverleih

Die Frage stellt sich neu, wer hier eigentlich paranoid ist. Seit Edward Snowden vor elf Monaten begann, das Ausmaß der Internetüberwachung durch den amerikanischen Geheimdienst NSA bekannt zu machen, scheint jegliche ~~Verschwörungstheorie~~ geschrumpft. Nicht einmal ~~die Irren~~ dieser Welt hatten sich das vorstellen können. Oder doch?

Falsche Ursachzusammenhang

. Es braucht einen gewissen Mut, eine Antwort darauf zu suchen. ~~Denn dafur~~ muss man mit ~~den Irren~~ sprechen und vor allem: ihnen zuhören. Das kann mühselig werden. Niels Bolbrinker hat es dennoch getan. Herausgekommen ist die Dokumentation Die Wirklichkeit kommt. 84 Minuten, die schmerzen. ~~Vor Fremdscham.~~ Aber auch, weil tief im Zuschauer unablässig der Gedanke bohrt, es könnte etwas dran sein an diesem ganzen ~~Narrengerede.~~

! Physik !

"Wer früher von ~~unsichtbaren Strahlen~~ verfolgt war und sich am Telefon überwacht glaubte, galt als ~~paranoid.~~ Wer heute ein Lebenszeichen von sich gibt, wird schon registriert", so spielt die Marketingabteilung der Produktionsfirma in ihrer Werbebroschüre mit dem Schauder, den wir verspüren, wenn Wirklichkeit und ~~Wahnsinn~~ aufeinandertreffen. "Doch das ist erst der Anfang. Die Forschung geht weiter, die Wirklichkeit kommt." Das ist geschickt verkauft, aber eigentlich ~~perfider Unsinn.~~ ~~Denn nichts von dem, was Bolbrinkers~~ ~~Protagonisten berichten, hat etwas mit der Realität zu tun.~~

Da ist Harald, der im Bauwagen lebt und behauptet, eine größere Macht strafe ihn mit

1

(Abb. 2.1.: Meine Rotstiftkorrektur einer "Zeit"-Rezension (u.a. zu Text 1.1.), Seite 1)

Schlaflosigkeit. Er drängt arglosen Passanten Flugblätter auf, in denen er von elektromagnetischen Waffen faselt, mit denen wir täglich angegriffen würden. Von wem? Von jemandem. Oder Frau B., die rastlos um die Welt reist, sich ständig verfolgt fühlt und behauptet, jemand (wieder dieser jemand!) habe ihr einen Chip ins Hirn implantiert. Oder der Russlanddeutsche, der in der Sowjetunion vom Inlandsgeheimdienst gezwungen werden sollte, seine Kollegen zu bespitzeln. Er tat es nicht, wanderte aus und hört nun Stimmen. Schließlich der Herr aus Thüringen, der in seiner Dorfidylle sitzt und Johannisbeeren vom Stiel streift, während er von Radarstrahlen erzählt, die ihn jagen. Wer sie schickt? "Es geht alles auf eine anonyme Art und Weise."

Jedem Psychiater sind solche Leute schon begegnet, und nicht nur einmal. Leicht lassen sich ihre Traumata erkennen: Der Vater des Thüringers starb nach einem Strahlenunfall im Uranbergbau. Schon der Vater des Russlanddeutschen wurde vom sowjetischen Geheimdienst verfolgt, der Großvater von den Bolschewiken ermordet. Bedauernswerte Schicksale. ~~Mit der technischen Wirklichkeit aber oder mit der Realität der Überwachung haben ihre Geschichten scheinbar nichts zu tun.~~

Haben sie doch. ~~Nur anders, als sie selbst denken. Nicht, weil sie Wirklichkeit vorwegnahmen, wie der Filmemacher uns Glauben machen will. Sondern weil ihre Ängste zur bösen Karikatur~~ werden auf die Wirklichkeit, die schon da ist. Geheimdienste und Netzunternehmen müssen nicht in unsere Gehirne eindringen, um zu wissen, was wir denken. Sie müssen keine ~~bösen Strahlen~~ schicken, um ~~unser Verhalten zu manipulieren. Längst sind sie darüber hinaus.~~ Jeder kann es wissen, es wird täglich aufgeschrieben und Constanze Kurz vom Chaos Computer Club darf es im Film auch sagen.

Wer sich die Technik nicht ständig neu aneignet, verliert eben den Zugang zur Welt

Doch die Masse der Menschen bewegt es nicht. Zu abstrakt ist das alles, zu wenig spürbar. Also beschäftigen sie sich nicht mit der Technik und ihrem Fortgang. Doch wenn dann das Passwort zum E-Mail-Konto gestohlen ist, beim Onlinebanking merkwürdige Dinge geschehen, der Grenzbeamte unerwartete Dinge weiß und fragt, dann ist da schnell wieder dieses Gefühl, jeder sei ausgeliefert an eine anonyme Macht, an – jemanden.

~~Das ist magisches Denken.~~ Wer sich die Technik nicht ständig neu aneignet, der verliert eben den Zugang zur Welt und ihren Funktionsweisen und flüchtet sich ins ~~Übernatürlich-Unbestimmbare.~~ Das ist jedoch nur gut für jene, die ungestört verdienen, kontrollieren und herrschen wollen: Konzerne, Geheimdienste, Regierungsapparate, Psychiater.

2

(Abb. 2.2.: Meine Rotstiftkorrektur einer "Zeit"-Rezension (u.a. zu Text 1.1.), Seite 2)

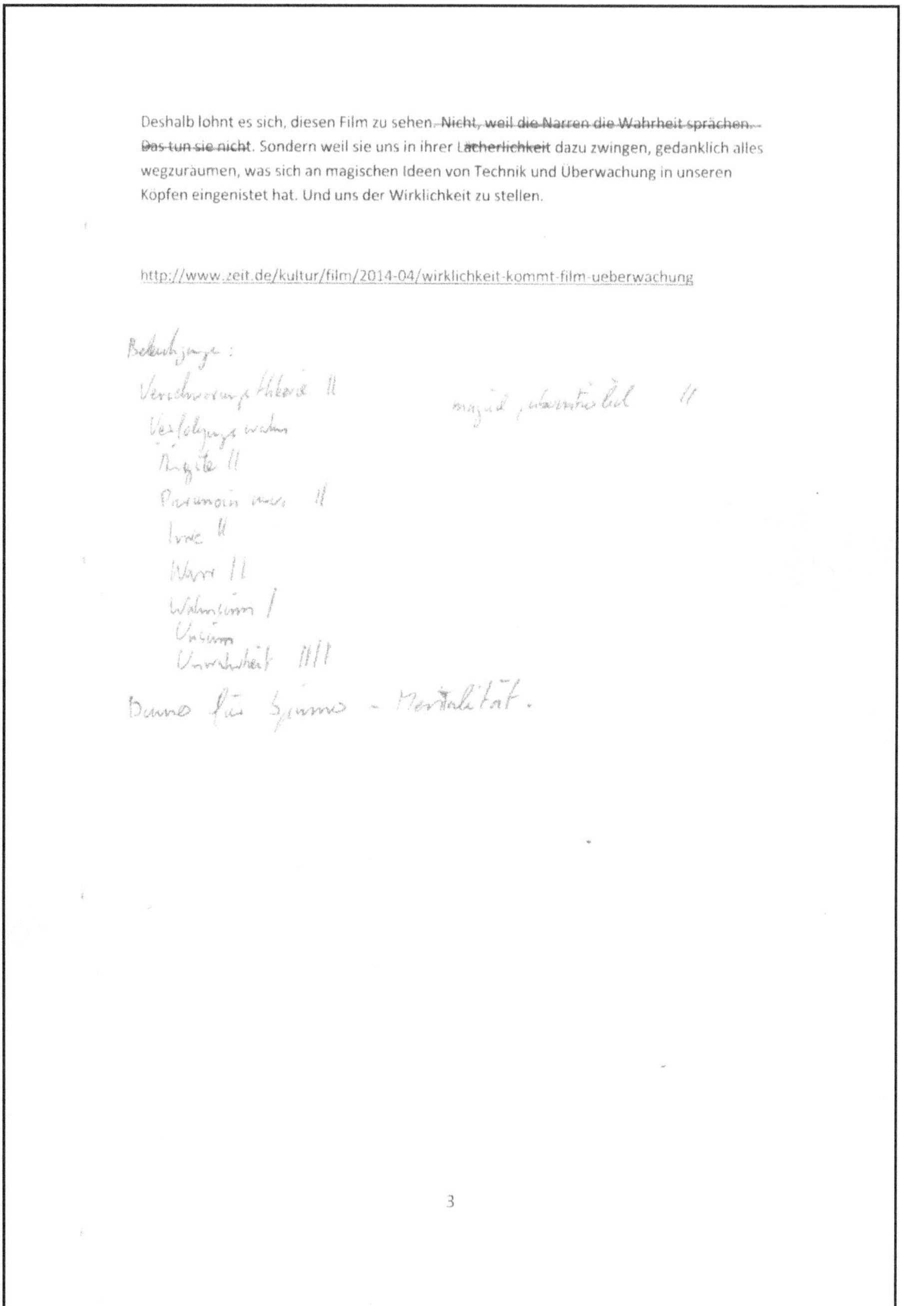

Deshalb lohnt es sich, diesen Film zu sehen. ~~Nicht, weil die Narren die Wahrheit sprächen. Das tun sie nicht.~~ Sondern weil sie uns in ihrer Lächerlichkeit dazu zwingen, gedanklich alles wegzuräumen, was sich an magischen Ideen von Technik und Überwachung in unseren Köpfen eingenistet hat. Und uns der Wirklichkeit zu stellen.

http://www.zeit.de/kultur/film/2014-04/wirklichkeit-kommt-film-ueberwachung

[handwritten notes:]

Bekräftigung:

Verschwörungstheorie II

Verfolgungswahn

Ängste II

Paranoia neu II

Irre II

Narr II

Wahnsinn I

Unsinn

Unwahrheit IIII

magisch, identisch übel II

Dummo für Spinner - Mentalität.

3

(Abb. 2.3.: Meine Rotstiftkorrektur einer "Zeit"-Rezension (u.a. zu Text 1.1.), Seite 3)

2x "Verschwörungstheorie", Verfolgungswahn, 2x Ängste, 2x Paranoia, 2x Irre, 2x Narr, Wahnsinn, Unsinn, 4x Unwahrheit, 2x magisch. Alles fälschlicher Weise, die Technologie gibts. Vorsatz, niedere Beweggründe (Habgier) kann man vorwerfen.

1.2. Ein anderes Beispiel fragwürdigen öffentlichen Drucks, mit dem angenommenen Ziel, bekannt gemacht zu werden, schildere ich in der anderen Broschüre ("Erpresserischer Stil...") in der "Sechsten Variante, Version 2", Seite 27 ff.

Zweiter Teil: Ein notwendiges Dementi zu "Hypnosewaffe und Traumatisierung"

2.1. Zwei Dementis zur Hypnosewaffe
Ein Dementi bezüglich "Psychotiker, Paranoiker, leicht lassen sich ihre Traumata erkennen" (SZ, Zeit, Zeit).
Ein weiteres Dementi zum Zusammenhang von Hypnosewaffe und Traumatisierung

Ach ich sollte <u>dementieren</u>, hätte sollen-können, könnte, bezüglich besagtem Zeit-Text/ SZ-Text. Beide Texte sind sehr ähnlich.

Ich beschreibe hauptsächlich eine Hypnosewaffe. Ich meine wiederum, diese Hypnosewaffe in den Menschen in diesem Film wiedererkannt zu haben, über die von der "Zeit" ziemlich kontrahierend übrigens, glaube ich, "leicht lassen sich ihre Traumata erkennen", "Paranoiker" usw. dahergefaselt wird (siehe Abbildung auf den Seiten 58-60). Analoges, etwas weniger schlimm, gilt für die "SZ".

Ich beschreibe ähnliche (und mehr) Symptome wie die diffamierten Personen aus dem Film, sehe diese Symptome, und deren auch, aber eindeutig exogen verursacht (hypnosewaffenverursacht), habe, meine ich, die Hypnosewaffe in den Personen wiedererkannt und betrachte die Personen als zweite Quelle im journalistischen Sinn.

Nachdem ich dann vielleicht gerne mitgemeint sein würde, mit "leicht lassen sich ihre Traumata erkennen" usw., das wäre dann auch kontrahierend, dementiere ich wie folgt.

<u>1. Dementi meinen psychischen Zustand jetzt und historisch betreffend.</u>
Ich bin psychoanalytischer Autodidakt in dem Sinn, dass ich, bis ich Ende 20 war, im Jahr 2006, 1,8 Regalmeter psychoanalytische Fachliteratur angesammelt hatte (ohne Hirnforschung und Psychiatrie), Adler, Bateson, Freud usw., und diese natürlich großenteils auch rezipiert hatte. Die Liste, den Bibliothekslistenteil, habe ich in SuIL 1 (2012) abgedruckt. Wahrscheinlich bin ich ein ziemlich versierter psychoanalytischer Autodidakt.

Habe aber nie eine solche (gute) psychoanalytische Therapiestunde bekommen, sondern war lediglich von einem niedergelassenen Psychiater als "Arzt" behandelt worden, bis 2005. Letzteres war nicht gut für mich gewesen, und gehen hat er mich auch nicht mehr lassen, sondern "psychopharmakologisch erpresst", so nenne ich das heute. Kommt auch in meinen Novellen sinngemäß so vor. Ich hatte damals, ca. 1999 nie nach Psychopharmaka, nur nach einer Psychoanalyse gesucht.

Mein Psychoanalysebedürfnis war erfüllt 2003. Ich halte mich für analysiert (genug). Ich denke automatisch psychoanalytisch, argumentiere im Zweifelsfall also dann einfach so, benutze solche Kategorien und Begriffe.
Psychoanalyse in Büchern. Büchern? Das liegt in den Niederlanden, genau.

Ich verbitte mir jeden "Paranoiker"/ "Psychotiker" und ähnliches pauschal für die letzten 15 Jahre. Und halte es für <u>schwer geschäftsschädigend</u>.

So, wie die Personen aus dem Film sich dargestellt hatten, dürften die das auch kaum wollen.

Natürlich bin ich nach zehn Jahren Hypnosewaffenprügelstrafe "etwas" zerrüttet, erschöpft. Außer Form. Nicht up to date. Vereinsamt, entgrenzt vereinsamt. Fern jeder akademischen Diskurse gewesen. Hypnosewaffenverursacht übermüdet.

Wer Selbstanalytiker nicht anerkennt (ich habe da so einen Spruch im Hinterkopf, so dass ich glaube, dass das einige psychotherapeutische Schulen nicht machen), bekäme von mir übrigens nicht nur "hoch bezahlte Kaffeekränzchen" sondern auch noch "Patientenproduktion" und "Edelpatientenproduktion" zurück vorgeworfen. Außerdem würde ich die dann in eine psychotherapeutische Schule einsortieren, zu der sie bestimmt nicht gehören wollen.

2. Klarstellung zu meinem beruflichen Zustand jetzt und historisch.
Ich habe das viele psychoanalytische Zeugs nicht gelesen, weil ich das Ziel hatte, Psychotherapeut zu werden. Ich habe nie ernsthaft versucht, Psychotherapeut zu werden, allerhöchstens irgendwann einmal kurz darüber nachgedacht. Selbstverständlich weiß ich auch, dass der Beruf und die zugehörige Ausbildung streng reglementiert sind.
Viel eher gelesen aus Neugier und dann auch aus innerer Not (zur Selbsthilfe).

Damals studierte ich Informatik, auch darüber, nicht nur, ging mein Informatik(grund)studium kaputt (2004). Ich war nicht zu dumm für ein Informatikstudium, sondern zu sehr mit anderen Fächern beschäftigt gewesen, unter anderem aus innerer Not mit Psychotherapie. Trotzdem verstehe ich genug vom Programmieren, so dass ich damals, als junger Mensch, ohne Abschluss wahrscheinlich einen zugehörigen qualifizierten Arbeitsplatz gefunden hätte, wenn ich nicht mittels einer Hypnose-, Neurohypnose- und Datenwaffe erpresst (2004 ff.) und in ein Jurastudium hineinprovoziert worden wäre (2006). Die Hypnosewaffe war übrigens ein weiterer behindernder Faktor bei meinem Informatikstudium gewesen, wahrscheinlich der entscheidende.
Ich bin seitdem ruiniert, gewissermaßen.

3. Dementi bezüglich der Hypnosewaffe und "Traumatisierung" betreffend.
Die Hypnosewaffe hat auch den Aspekt einer psychopathologischen Symptomverstärkungstechnologie. Sie ist sehr mächtig auf dem Gebiet, hat sich auch so verhalten.
Einen Sachzusammenhang wie ungefähr folgt, "die zügige Aufklärung eines Opfersachverhalts wäre für beide Seiten (ich, Gesellschaft) wünschenswert, also nehme man sich bei mir eine Symptomverstärkungstechnologie heraus", ist einer der ganz wenigen, den ich für frühere Jahre (1999-2003 spätestens) wahrscheinlich würde tolerieren müssen. Vom logischen, moralisch-staatsphilosophisch-juristischen, menschlichen und so weiter her. Und den ich als ursprüngliche Begründung für wahrscheinlich halten kann. Das aber sicher nur im Zusammenhang mit einem eigenen Analysebedürfnis/ -interesse, das damals bestanden hatte. Das aber vielleicht auch nur im Zusammenhang mit einer anderweitigen Sonderermittlung. Ich gehe heute davon aus, dass das Kurzzeitig-Psychotische damals bei mir hypnosewaffeninduziert gewesen war, also nicht endogen.

Die beiden Psychiater, an die ich dann in München geraten bin, haben sich freilich gegenteilig verhalten, mich abgewürgt, wenn ich im Arztgespräch angefangen hatte, laut über einen Opfersachverhalt nachzudenken.

Eine zügige Aufklärung gelang nicht, wurde unterdrückt, eine Aufklärung eines passenden Sachverhalts dann schon, 2002/ 2003 irgendwann. 2012 schrieb ich sinngemäß, "dann [bei Aufklärung] hätte ich etwas angezeigt", irgendwo etwas gesagt hätte ich wohl außerdem...

Falsch ist "traumatisiert" im Sachzusammenhang. Ganz falsch und unmenschlich wäre: Man nehme sich einen Hypnosewaffenübergriff heraus, weil jemand traumatisiert sei. Falsch im Sinn der Menschenrechte müssen auch irgendwelche Hospitalisierungsansinnen im Sachzusammenhang mit einer Symptomver-stärkungstechnologie sein (Ein zweites Nervengift in Pillenform...). - Falsch.

Was die Hypnosewaffe heute noch soll, weiß ich dann natürlich nicht.

4. Traumatisierung durch Hypnosewaffe
Die Lebensjahre 29 (bzw. 27) bis 40 wurden mir komplett kaputtgeschlägert.
Das werde (würde) ich, wäre es beendet, wahrscheinlich aufgrund meiner Sachkenntnisse aber recht schnell verarbeiten können.

Heilbar nur durch Geld. Nicht mit Pillen oder von der Gesellschaft hochbezahlten Kaffeekränzchen (überflüssige Therapiestunden mit erfahrenen, vernünftigen Patienten). "Therapie" wäre bloß Demütigung.

Vielleicht hätte ich gleich 2006 Erschießung (in formal korrekter Form, einen finalen Rettungsschuss in meinem Sinn) fordern sollen.

Dritter Teil: Ein Thema besetzen

Eigentlich eine Technik der politischen Rhetorik, Präsenz und Kompetenzausstrahlung betreffend. Kann auch missbraucht werden. Wurde von Literaten fragwürdig kopiert (siehe Teil 1).

3.1. Ordentlichere Themenbesetzungen, Beispiele

3.1.1. Thilo Sarrazin

Thilo Sarrazin besetzte früh das Thema der Immigration, der Integration und der Ausländerverelendung ("Deutschland schafft sich ab"). Seine Partei, aus der das Thema normaler Weise gemieden wird, tolerierte es nicht, und versuchte ihn rauszuwerfen, Rassismusvorwürfe. Heute ist der Mann total ausgegrenzt. Ich glaube immer noch, dass er die Sache gut genug vorausberechnet hatte, um das Thema, das später als "Flüchtlingskrise" die Medien beherrschte, das normaler Weise von Rechtsradikalen benutzt wird, zu besetzen. Viel besser vorausberechnet hat als der Rest der Partei SPD, wahrscheinlich sogar sehr gut vorausberechnet, das Thema sehr vorausschauend besetzt hat.

Wahrscheinlich, hätte die SPD ihn nicht so weit ausgegrenzt, hätte er ein paar verwirrte Menschen eingesammelt und in die politische Mitte zurückgeholt. Hätte die Grenzen gut genug gesetzt.

Die SPD hat ihn nach meiner Sicht auch gerne ausgrenzen dürfen, aber nicht so weit. Irgendetwas wie "so lange ich hier das Sagen habe, bekommt er keinen Posten innerhalb einer Fraktion oder eines Kabinetts" oder "mit dem zusammen werde ich mich nicht in einem Kabinett befinden", "die nächsten x Jahre", hätte gereicht.

3.1.2. Anne Wizorek

Anne Wizorek grapschte sich bei Gelegenheit das Thema, Feminismus", "weibliche Perspektive auf die Sexualität und sonst was", dadurch dass sie den zwischengeschlechtlichen Umgang miteinander besprechen lassen wollte, was ich aufgrund seiner Form (Twitter-Shitstorm) und seines eigenen benutzenden Charakters (benutzte den Politiker B.) zunächst und auch heute noch mit großer Skepsis betrachtete. Aber, ich beobachte die ein bisschen, insgesamt hat sie das Thema auf ihrer Website, eine Art Freiraum, ganz ordentlich austariert.

Nur ein Beispiel: Die codierten Hinweise auf angebliche verbale Gewalt, die sich häufig auf ihrer Website finden, zeugen davon, dass sie einen weiten Begriff verbaler Gewalt vertritt, was in meinen Augen bei der Thematik von Vorteil ist, und sie vielleicht irgendwann einmal noch beschützen und retten wird. Männer sind/ seien ja so einfach manipulierbar.

("Trigger", weist auf die Möglichkeit einer individuellen gewalttätigen Wirkung von Sprache (deren Inhalten) auf eine sensible oder traumatisierte Person hin.)

Nervenzelle ist Nervenzelle.

Mir braucht man das nicht erklären, dass manche kommunikative Muster bei ihren Opfern die Fehlerquote in diverser Hinsicht erhöhen (letztendlich dann auch bei Sexualverfehlungen): Ich kenne eine gewalttätig einstellbare funkbasierte Hypnosewaffe, die das in sehr erschreckendem Umfang kann. Dass es eine menschliche Stimme auch könne, gilt für mich aber irgendwie seit meiner Jugend als erweiterte Allgemeinbildung, in einer meiner satirischen Novellen einmal abgebildet.

Also darf sie nicht jedes weibliche intergeschlechtliche Betrugsverhalten unterstützen.

Den Witz mit der Degradierung der Feministin zur Sodomitin kennt sie also zumindest theoretisch. Nervenzelle ist Nervenzelle.

Sie war im Nachhinein kompetent genug, so dass ich es gut finde, was und wie sie es macht, ein Kompliment, mehr will der Satz nicht sein.

3.2. Man klaue ein Thema

Pegida gegen Juli Zeh und Ilija Trojanow
"Man besetze ein Thema" ist eine alte politische Technik. Die Soziale Gerechtigkeit, die innere Sicherheit, früher hatten die Volksparteien die Themen, die jeweils zu ihnen passten besetzt.

Heute sehe ich die Gesellschaft so, dass sich teilweise ein asoziales Verhalten etabliert hat, derart, man besetze ein Thema, das die Konkurrenz, der politische Feind oder das Opfer von damals, und so weiter, gerade dringend nötig hätte.

Ein bisschen vernünftige, intellektuelle, linke oder linksliberale Religionskritik täte der Gesellschaft von heute sicher gut.

Aber wie verteidigte man Pegida, die das Thema "Religionskritik", das jemand anderes gerade dringend nötig hätte, besetzen? Gegen den Vorwurf, dass ein bisschen linke und liberale Religionskritik der Menschheit in den letzten Jahren durchaus gut getan hätte, und das erschwert sei dadurch, dass da so rechtspopulistisch und destruktiv reingefotzt worden ist, und der Pegida-Bachmann dann überall seine Finger drin haben will?

So kann man die verteidigen:
Pegida parodiere (äffe nach) doch nur die (damals) SPD-nahe Autorin Juli Zeh, dieser Liebling der überregionalen Presse, der SPD, des öffentlich-rechtlichen Fernsehens, die das Thema Lauschangriff und Zukunftstechnologien mangelhaft besetzt hat, illegitim, übergriffig, raffgierig; das ein paar andere Menschen, so mit unterdrückte Menschen, dringend nötig gehabt hätten. Die habe es ihnen vorgemacht. Man sei jetzt halt genau so asslig.

Das Thema (Zeh) gehörte und würde gehören irgendwelchen Politikern oder Opfern. Das Thema (Pegida) gehörte irgendwelchen Linksintellektuellen und Philosophen.
Und mir klaute Zeh et. al. symbolisch, indirekt die Aufmerksamkeit, ersetzten 'klauend' die Hypnosewaffengeschichte durch eine andere Lauschangriffsdebatte.

3.3. Umgekehrt, literarische Rhetorik in der Politik ist auch dumm

Auch sehr ungünstig. Der österreichische Kandidat Hofer 2016 wurde der Hypnose bezichtigt und wohl auch überführt. Aus literarischer Perspektive hat er dadurch hypnotisiert, dass er die Reizwortgeschichte und das Leitmotiv dummer Weise in die politische Rhetorik eingeführt hat.
(SZ, irgendwo).

3.4. Varianten zu "ein Thema besetzen"

4.1. Wem gehört welche Debatte?
Gabs da einmal irgendwelche Konventionen?

4.2.
Eines besetzte das Thema seines Opfers (eines seiner Opfer). Das Thema, das ihr Opfer dringend hatte bearbeiten müssen. Besonders übergriffig, gefählrich, verletzend.

3.5. Wie wird meine Geschichte geklaut werden, wie asozial?
(EVÖ am 20161106 auf keinverlag.de)

Wie asozial geklaut werden wird?
Ich bin mir sicher, sobald sich mit meiner Geschichte Geld verdienen lässt, wird sie geklaut werden, die Frage ist nur, wie asozial geklaut.

Etwas besseres denke ich nicht über die Affenart, zu der ich gehöre.
Sobald ich die Existenz und Aktivität einer funkbasierten Neurohypnose-, Hypnose- und Datenwaffe zur Genüge nachgewiesen habe.

Eine kurze Wiederholung der Geschichte
Seit mehr als zehn Jahren mache ich nichts anderes, als ein plakativ kriminelles und demonstrativ gewalttätiges Design einer funkbasierten Neurohypnose-, Hypnose- und Datenwaffe, das in meinen Körper gehauen wird, zu überleben, zu beschreiben und davon zu erzählen. Das Beschreiben erleichtert das Überleben. Das Erzählen muss ich wieder und wieder machen, es erzählen, es erzählen, es erzählen. Für null Euro die Stunde. Es ist sehr viel Arbeit, Vollzeit plus x. Wenn ich eine Rechnung stellen dürfte, könnte ich einen niedrigeren Stundensatz als 750 Euro nicht nennen (Ingenieur plus x, freiberuflich, Körperverletzungsstundensatz).
Ich habe meine Beschreibung(en) umfangreich publiziert, 750 Buchseiten, allerdings gelang mir das nur in der Form von Books on Demand, 3 Stück. Ein book on demand kauft natürlich kein Mensch. Mindestens ein viertes wird noch hinzukommen.

Ein Schaden von öffentlichem Interesse

Basiswissen für mich ist, dass ein Schaden von öffentlichem Interesse gewisse Nutzungen implizit hat. Ihn der Öffentlichkeit zu erzählen, in der Form von Buchtantiemen beispielsweise.

Basiswissen ist auch noch, dass die Justiz und die Öffentlichkeit verlangen dürften, in so einem Fall das mit der Öffentlichkeit zuerst zu versuchen, bevor sie entschädigt. In der Regel. (Siehe Natascha Kampusch, "Natascha Kampusch muss nicht mehr vom österreichischen Staat entschädigt werden", sinngemäß, irgendwo).

Für meine Biographie im Zusammenhang mit der Hypnosewaffe sehe ich dasselbe: Ein Schaden von öffentlichem Interesse, dem gewisse theoretische Nutzungen implizit sind.

Dass ich diese Nutzungen in relevanten Umfang selbst 'ziehen' werde können, zweifle ich stark an. Ebensowenig die anderen Opfer, die ich meine, gefunden zu haben (und denen ich das auch sehr gönnen würde).

Wie asozial?

Sobald die Sache sicher genug nachgewiesen ist, ist meine Prognose, wird irgendein Verlag mit einem beauftragten Lohnschreiberling irgendeine unbillige, populäre Billigversion der Hypnosewaffenbeschreibung auf den Markt werfen. Mindestens einer. So ungefähr. Als Normverlauf gemeint, als soziologisch-journalistisch abgeschätzter Normverlauf. Abweichungen nach oben und unten möglich.

Abweichungen nach oben: Es wird ordentlich zitiert und gewürdigt. Aber dann müsste man ja fast/ eigentlich meine Geschichte bei mir kaufen. Und/ oder die der anderen Opfer bei ebenjenen. So wie Hollywood eine wahre Geschichte kaufen muss, die es verfilmen will.
Oder man lässt mich oder andere Opfer gar mitarbeiten.

Abweichungen nach unten:
Ich werde unfreiwillig nachkorrigieren müssen. Zur öffentlichen Sicherheit, wie ich dann meinen würde.
Es wird mit Bedrohung und Rufmord geklaut. Rufmord persönlich und/ oder politisch, beispielsweise:
- Ein psychisch Kranker, kontrahierend behauptet oder "schwer traumatisiert".
- Mit 'solchanen' (was auch immer) dürfe man das.
- Seien politische Extremisten.

Mit solchen Rufmorden als Selbstrechtfertigung klaute es sich viel leichtherziger, jaja.
Spuren solcher Bestrebungen lassen sich bereits hier und da beobachten.

In Wirklichkeit waren die "Mind Control Victims" aus dem Film "Die Wirklichkeit kommt", die drei, die mir in Erinnerung sind, alles sehr gute Journalisten (strukturell gemeint).
Ich erkläre mich auch zu einem (theoretischen, strukturellen) guten Journalisten.

Ich behielte die Sache lieber in der eigenen Hand, nur damit das klar ist.

Wünsche der Konkurrenz
Dass er mit Rechtsanwalt die Sache nachweisen solle, wünscht man wahrscheinlich hier und da in schlecht besetzten Redaktionsstuben oder seitens mancher Volksparteimitglieder.

Postume Verwertung
Dass sich meine Geschichte nach meinem Tod viel besser verwerten ließe, ist auch noch eine annehmbare und von mir angenommene strukturelle Verlagsmanagermeinung. Woraufhin ich mich durchaus noch unsicherer fühle-finde.
In SuIL 2 habe ich glaube ich ein paar Verlage von der postumen Verwertung ausgeschlossen (D. h. ich glaube gerade (nur), ich habe dieses zur Gesamterzählung gehörige Fragment mit veröffentlicht) - weswegen überhaupt? Wegen aktuell bestehenden Konkurrentenverhältnis' ungefähr.

rem.: Schlechter Text teilweise. Zu spekulativ-unausgearbeitet. Den gibt es immer unter den 80 Millionen, der gerade glaubt, usw..

(EVÖ: 20161106 auf keinverlag.de)

3.6. Das Opferbuch, materialistische und emotionale Interessen
In meinem "normalen" Ordnern fand ich folgenden Text, zuletzt manipuliert (Speicherdatum) 20141220:

<u>Über die einem psychologischen Schaden und seiner Geschichte, den zugehörigen Persönlichkeitsrechten, impliziten Nutzungen und deren Schutz.</u>

1. Mein Maßstab für diese Sache ist Sabine Dardenne, ein überlebendes Opfer des belgischen Serienmörders Dutroux.
Sabine Dardenne hat die Buchtantiemen zu ihrer Geschichte bestimmt gerne selbst eingezogen und hat auch jedes Recht dazu.
Ich habe "nur" den zweiten Teil ihres Buches, also den Teil in dem sie schildert, wie sei mit der Entführung im Nachhinein umgeht, gelesen. Über Details über die Entführung selbst hatte ich damals als sehr junger Mann nichts lesen wollen. Ich hatte das Buch einfach irgendwo in der Mitte aufgeschlagen und zu lesen angefangen.
In ihrem Buch schildert sie irgendwo - so weit ich mich erinnere - eine Gerichtsszene, in der Dutroux um seine Rechte im Gefängnis diskutiert, sozusagen um jeden Cent, worüber sich Dardenne, damals selbst schlecht verdienend, sehr heftig geärgert hatte.

Wie gut sich so ein Buch ungefähr verkaufen wird, weiß man seit spätestens da in dieser Branche.

2. Natürlich gibt es auch emotionale Grenzen, diese nehmen aber nach meinen Moralvorstellungen, in denen gibt es beispielsweise so eine Art Trauerzeit auch mit der Zeit ab.

3. Verglichen damit will-muss (*) ich über zwei Entscheidungen nachdenken, die Entscheidung für Theresa Enke gegen das Berliner Theater, sowie die Odenwaldschulopfer gegen den WDR: War das zu streng gewesen?

Den Text wollte ich wohl noch weiter bearbeiten, das Urteil gegen den WDR ist mittlerweile aufgehoben. Diese Erinnerung an Sabine Dardenne kommt in meinen Überlegungen häufig vor.

3.7. Der Filter

(EVÖ sinngemäß *20160927* irgendwann mal als Teil eines Textes, den ich dann wieder herausnahm, auf www.keinverlag.de)

Wenn ich eine verallgemeinert problematische persönliche Ästhetik verteidigen dürfte, würde ich den "Filter" aus der höheren Mathematik als Hilfskonstrukt verwenden. Filter, etwas mit komplizierteren Brechungs- und Umformungsregeln als eine Linse. Auf der einen Seite also die Realität, in der Mitte der Filter, der gleichbedeutend mit den Regeln der persönlichen Ästhetik des Autors A ist, bewusste und unbewusste Regeln im Zweifelsfall, auf der anderen Seite das fertige Kunstprodukt. Dann wäre nur noch die Frage, ob dieser Filter einigermaßen ordentlich genug ist. Der Rest, Inhalte, wäre nur noch Glück und Unglück und nicht gerichtsrelevant.

Vierter Teil: Unlauterer Wettbewerb?

4.1. Tendenzen unlauteren Wettbewerbs bei Böhmermanns verboten wordenem Erdogan-Gedicht
(EVÖ am 20160927 auf keinverlag.de, übb.)

Anne Will, Böhmermanns Klöten-Gedicht, das Stilplagiat und der unlautere Wettbewerb

Anne Will, diese gewalttätige Tussi.
Ich war persönlich wirklich empört und alarmiert gewesen, als die Talkshowmoderatorin Anne Will den Böhmermann prompt nach der öffentlichen Eröffnung des Ermittlungsverfahrens gegen ihn eingeladen hatte. Ich war wirklich erleichtert gewesen, dass Böhmermann abgelehnt hatte. Sehr ordentlich von ihm.

Alarmiert, aufgrund meiner Erfahrungen und der aktuellen Interpretation derselben: Anne Will wollte genau so eine Situation heraufbeschwören, in der sich irgendwo in diesem Staat irgend jemand herausnimmt, jene funkbasierte Neurohypnose- Hypnose- und Datenwaffe, die ich so umfangreich beschrieben hatte, einzuschalten, noch ein bisschen mehr einzuschalten. Eine schreckenserregende Gewaltdrohung war das gewesen.

Eine Situation, in der eine Art unlauterer Wettbewerb entsteht, vielleicht dadurch, dass Böhmermann anfängt, der Konkurrenz (auf dem Witzmarkt) von außen Grenzen zu setzen. Sie bedroht, dadurch, dass er eine fragwürdige Rechtsnorm qua allgemeinen Urteil setzt. Oder durch mangelhafte Verteidigung eine fragwürdige Rechtsnorm setzen lässt.
Eine Rechtsnorm zu einer Textform, die er persönlich gar nicht verteidigen will oder kann, also unter Niveau verteidigt. Andere wollten oder könnten es aber besser. Naja, vielleicht lernt Böhmermann gerade, seinen Text zu verteidigen. Überhaupt verhielt er sich bisher sehr ordentlich.

Eine Situation also, in der sich irgendwo in diesem Staat irgend jemand herausnimmt, mittels einer funkbasierten Neurohypnose-, Hypnose- und Datenwaffe einmal durchs Volk hindurchzufunken, um irgendjemand Fähigen zu finden, um diesen 'unlauteren Wettbewerb' oder was auch immer, halbwegs zu bereinigen. Der die Verteidigung im öffentlichen Interesse oder gar im Namen des Volkes ordentlich wiederholen muss. In so einem armen Deppen wie mir bliebe die Hypnosewaffe dann hängen und finge an, unverschämt zu werden.
Zum Glück (glaube ich) hat diesmal der Döpfner von der Bild die Sache irgendwie an sich gerissen, und niemand wie ich würde es machen müssen.

Genau genommen gibt es sogar zwei Formen unlauteren Wettbewerbs in solchen Zusammenhängen: Eine negative, die Konkurrenz intellektuell misshandelnde, und eine positive, dadurch, dass das Ermittlungsziel durch die Ermittlung irrsinnig bekannt wird und anschließend irrsinnig viel(e Bücher) verkauft. Im zweiten Fall kann man Böhmermann von mir aus entschuldigen. Dann hätte er sich mit Erdogan, bei dem, was man über die Pressefreiheit in der Türkei die letzten Jahre lesen musste, genau den richtigen unfreiwilligen Komplizen ausgesucht.

Für den unwahrscheinlichen Fall, dass die Justiz den Böhmermann für ein paar Monate ins Gefängnis wirft, und dann ein allgemeines mediales Geplärre entsteht, würde ich dem Geplärre entgegengesetzt fordern, aus Prinzip, dass die Talkshowmoderatorin Anne Will gleich noch in ein Gefängnis hinterhergeworfen wird. Das würde heute natürlich kaum ein Mensch verstehen. Real irgendetwas anzuzeigen zu versuchen, erwäge ich aber nicht im Geringsten.

Anne Will gehörte, ginge es nach mir, öffentlich zurechtgewiesen. Die Beschreibungen der Hypnosewaffe entsprechen meinem Stand-der-Recherche.

4.2. Eine eigene "Schmähkritik"-Definition

Hypnose und manipulative rhetorische Techniken. In anderen Fächern wie der Markt- und Werbepsychologie, lernt man solche.

Die "Schmähkritik" als Begriff habe ich anders im Hinterkopf als Böhmermann, im Sinn der Markt- und Werbepsychologie als Form der vergleichenden Werbung, die hierzulande verboten ist. In Richtung beleidigende Benutzung geht.

"Toll", jetzt darf ich allmählich (wieder) über menschliche Hypnotiseure schreiben, vielleicht muss ich sogar... Ich habe noch mehr. Aber das werde ich wo anders machen.

4.3. Böhmermann und das Schaf (und der Hund)
(EVÖ am 20170707 auf keinverlag.de)

<u>1. Ordentlicher Text</u>

In einem mittlerweile von einer Privatperson verbotenen Gedicht verwendete der Fernsehkomiker Jan Böhmermann im Jahr 2016 im öffentlich-rechtlichen Fernsehen (ZDF) den Begriff "Ziegenficker".

Zuerst glaubte ich nicht, dass es etwas wie einen Ziegenficker wirklich gebe. Dann fand ich aber Beispiele für ein "geficktes" Schaf, immerhin ("Die Schafe (Ovis) sind eine Säugetiergattung aus der Gruppe der Ziegenartigen (Caprini)", wikipedia).

In einem Spielfilm von Jim Jarmusch gibt es eine Sequenz, in der ein junger Taxifahrer in Rom einen Priester mitnimmt, und dann beschließt, er wolle beichten. So begann der Taxifahrer also von dem Schaf zu erzählen, das er in seiner Jugend sodomitisch benutzt hatte, mit zunehmender Begeisterung und Empathie für das Schaf zu erzählen. Der Priester dahingegen bekam ob der Erzählung weniger und weniger Luft, griff mit letzter Kraft nach seiner Tablettendose, die ihm aber entglitt, und er verstarb.

In meinen Augen ein gutes Beispiel dafür, wie die kompetente künstlerische Bearbeitung von Abgründigem zur "guten Tat" werden kann. Ich stelle mir immer Menschen aus einer konservativen bayrischen Kleinstadtoberschicht vor, denen *solche* Kunstwerke eindeutig fernstehen, und versuche dann, sichere Formulierungen zu finden, so kam ich auf "Gute Tat". Sonst hätte ich "vernünftiger sozialer Akt" gesagt.

Der italienische, den jungen Taxifahrer spielenden Schauspieler bekam übrigens später für eine andere Rolle (oder war es ein Film?) einen Oskar.

Stand nicht vor einigen Jahren in der Zeitung, dass eine Prostituierte im Großraum München angefangen hatte, ein Schaf zu halten, aus "unerfindlichen" Gründen, welches ihr dann von Amts wegen entzogen worden war, die dann vor Gericht landete oder ähnlich?

In meinen Augen existiert in Deutschland eine (verachtenswerte) psychologische Schule, die im Prinzip folgendes "weiß": "Ziegenficker, Ziegenficker, Ziegenficker. Wenn man oft genug "Ziegenficker" zu ihm sagt, dann macht das etwas mit seinem Gehirn das weiff (weiß) ich ganff (ganz) genau. Und er wird uns auch weniger im Schulunterricht nerven und sich nicht mehr andauernd melden."

Primär anzutreffen ist diese psychologische Schule in der gymnasialen Mittelstufe, unter dummen Mitschülern, denen das Unterrichtstempo nicht langsam genug sein kann. Sekundärtäter im Erwachsenenalter könnte es aber auch geben.

Halten Sie den Mund und gehen Sie Ihren Liger streicheln.
Ein osteuropäischer Zirkus meldete vor einigen Monaten die Geburt eines Ligers. Mir ist der Terminus Liger schon länger bekannt, irgendwann stolperte ich beim Lesen eines Textes des deutschen Staates über den Begriff "Greifvogelhybride", die in Deutschland verboten seien, und stieß im Folgenden dabei in der Wikipedia auch auf Großkatzenhybride. Vater Löwe, Mutter Tiger, ergibt Liger.

2. Wurmfortsatzartige Textfortsetzung

Geschlechtergerechtigkeit: Als Mensch, der, etwas spaßeshalber, für negative Gleichberechtigung eintritt, sollte ich jetzt auch noch Frauengehirne mit sodomitischen Vorstellungen befassen, ausgleichshalber.... Was nehme ich denn da? Einen Pferdepenis!

Wie finden Sie die Idee, wertes Weibervolk, der Abwechslung halber einmal einen Pferdepenis zu stimulieren? Na? Auf eigene Gefahr natürlich.

Wohingegen die sodomitische Aktivität zwischen Mensch und Hund von mir bisher nur initiativ vom Hund ausgehend beobachtet worden ist: Ein notgeiler Rüde klemmte sich bestimmend an ein Menschenbein und rieb sich daran unabweisbar bis zu seiner Ejakulation.

Eine Katze, die ein paar eine WG betreibende Freunde damals aus einem Tierheim sich geholt hatten, stellte sich manchmal so komisch gegen mich hin, dass ich, sehr viel später erst, als längst kein Kontakt mehr bestand, auf die Idee kam, dass sie früher einmal von einem Menschen dort hinten sexuell stimuliert worden sein könnte.

Schluss jetzt aber.

4.4. Der Schweinsteiger-Nazipuppenverlag aus Köln

Jeder Publizist dürfe das, was er verteidigen will und kann, das wäre das salomonische, von mir sogar gewünschte Urteil.

Aus dem in Absatz 1 beschriebenen Grund wünschte ich mittlerweile, dass der kriminell schlecht verteidigende Verlag im Bundesverfassungsurteil zum Esra-Verbot deutlicher vorkäme. Seitens der Richter, die das Werk verboten lassen bleiben wollten. Dem öffentlichen Frieden zuliebe. Der tyrannisch und psychoterrorartig vorgehende Verlag.

Wer so eine Biller-Ästhetik so verteidigt, leugnend verteidigt, dürfe sie halt vielleicht nicht vertreiben (Seitens der Richter, die das Werk verboten lassen bleiben wollten) - nicht, dass ich diese Meinung unbedingt teilte, aber meine Güte, Besser: Bekommt sie von einem unerfahrenen oder überarbeiteten oder unwilligen oder andersdenkenden Richter halt verboten.
Da findet sich ganz schnell ein einfaches Beispiel, bei dem die Justiz ganz schnell meint, von außen Grenzen setzen zu müssen: Die chinesische Schweinsteiger-Nazi-Puppe namens "Bastian", die vor einigen Monaten in den Medien gewesen war, die wurde auch so verteidigt, dass der das gar nicht sei....
Der Kiepenheuer und Witsch Verlag hat also den Eindruck erweckt, dass er als nächstes auch irgendwelche Schweinsteiger-Nazi-Puppen in Buchform auf den Markt werfen wollen dürfe. Das mit der (gelogenen) Behauptung, der sei das gar nicht. Empörend, tyrannisierend, psychoterrorartig.
Warum auch immer. Dann stehe man öfters in der Zeitung, vielleicht.

Fünfter Teil: Hochmanipulative linguistische Techniken aus der Markt- und Werbepsychologie, Hänselei

5.1. Vier Anarchiedefinitionen und zwei (von Zeh und Trojanow), die ich nicht anerkenne

Jetzt kenne ich vier Anarchiedefinitionen:

1. Eine aus der bayrischen Geschichte, von der Räterepublik 1918 her. Deren Protagonisten, beispielsweise Mühsam und Toller waren gleichzeitig gute Autoren.
"Eine Jugend in Deutschland" von Ernst Toller stand im Geschichtsunterricht an der Tafel, wenige Jahre später las ich es dann auch, es ist nicht nur ein exzellentes Antikriegsbuch, sondern auch ein wichtiges Zeitdokument.
Ein ziemlich pazifistisches und auf flache, regionale Hierarchien ausgelegtes System (und eine Utopie) war das gewesen. Die Protagonisten haben zwar einen Krieg gegen damalige Rechtsradikale geführt, der zu iher Räterepublik geführt hatte, das aber nicht gerne.

2. Die zweite Anarchiedefinition ist nicht pazifistisch sondern terroristisch. Der Linksterrorismus der ungefähr 70er Jahre mit seinem Ziel den Kapitalismus mittels terroristischer Gewalt zu destabilisieren, berief sich irgendwie auch auf den Anarchiegedanken.
Im Film von Assayas über den "Top-Terrorist" (Presse, irgendwo) Carlos kam es glaube ich zumindest irgendwo so vor.
Als politische Idee für mich indiskutabel.

3. Eine zeitgenössische Jugendutopie aus meiner Jugend, die um den Begriff "Herrschaftslosigkeit" drehte.
Sinngemäß leben da freie, friedliebende, vernünftige Menschen in Kommunen zusammen, und brauchen keinen (großen) Staat. Da vernünftig. Ein Übermaß an Konkurrenz und Kampf im herrschenden System ablehnend und/ oder müde davon.
Auch eine sehr pazifistische Utopie, Idee (daher für mich interessant gewesen). Wie die erste auch auf regionale Selbstbestimmung ausgelegt.
Dass irgendwelchen, wahrscheinlich jungen Menschen, die die Ideen 1 und 3 eine Zeit lang attraktiv finden, irgendwelche Nachteile daraus erwachsen dürfen, sehe ich nicht so. Eine Zeit lang attraktiv, meistens nur so lange, bis sie von der psychosozialen Wirklichkeit eingeholt werden.

4. Ken Loach, "Land and Freedom"
In diesem Film des berühmten sozialkritischen britischen Filmemachers Ken Loach wird der Teil der Front im gegen den faschistischen Diktator Franco im spanischen Bürgerkrieg geschildert, der, im Unterschied zu kommunistisch organisierten Frontabschnitten, von Anarchisten organisiert wurde.
Spontan erinnert, ist lange her, würde ich mal sagen: Überdurchschnittlich humane und sozial kompetente Kombattanten. Gute, vernünftige Menschen, diese Anarchisten, sozusagen.

(Alles spontan aus dem Gedächtnis referiert, aber nachdem den Text kaum jemand abdrucken wird, mache ich mir nicht sonderlich viel Mühe. Die Rezeption ist überall über 10 Jahre her, aber irgendwie wirds schon ziemlich stimmen)

5. So etwas demgegenüber erkenne ich nicht an:
"Anarchie funktioniert nicht. Würden wir alle versuchen, individuell zwischen Richtig und Falsch zu unterscheiden, würde das im Chaos enden. Das Verrückte ist, dass wir uns einer Menge von Menschen gegenüber sehen, die der Politik nichts mehr zutrauen. Sie meinen, dass das wertlos ist, was beim demokratischen Prozess am Ende rauskommt. Das macht mir Angst."
(Juli Zeh, 2016 in zeo 2)

6. Und so etwas, so eine aufgesetzte Bunkerfeindlichkeit, auch nicht:
"... Der Bunker ... die Reichen und Vermögenden ... Jeder Bunker ist eine Beleidigung der gesamten Gesellschaft, denn er vermittelt, dass gewisse Kreaturen der Ansicht sind, sie hätten das Recht zu überleben. Es gibt kaum etwas Unmenschlicheres als die Entscheidung, viele Menschenleben zu opfern für das Wohlergehen einiger weniger."
(Ilija Trojanow am 24.05.2017 in der taz)

7. Ich sehe da beide Male sogar ungute emotionale Verknüpfungen, die mich sehr an eine hoch manipulative Technik aus der Markt- und Werbepsychologie erinnern. Wo kann man das machen, ein Gefühl manipulativ mit einem Ding zu verbinden, mit solchen Themen nicht, finde ich, was fällt mir da spontan ein? "Französischer Weichkäse", Fernsehwerbung für französischen Weichkäse.
Das Zitat in Punkt 5, um auf einen zeitgenössischen Diskurs einzugehen, ist schon sehr viel eher eine "Schmähkritik". Mir hat es auch wehgetan, ich verstehe auch erst hinterher, warum ich mich über so etwas ärgere.

8. Kritisch-ablehnend die Autorenpersonen kommentiert biedert Zeh sich stets dort an, wo es Staatsknete gibt.
Trojanow, kaum ein Linker?, versucht sich wieder als Linken-Dompteur unter dem Motto "Gib dem Affen Zucker". Beanspruchte davor außerdem eine unerträgliche, intellektuell durch nichts gerechtfertigte Leaderrolle im Zusammenhang mit seinen Überwachungsstaatsdiskussionen.

9. Verknüpfungen: Ich behaupte, es gibt noch ein paar Menschen in Deutschland, die sich mit der Idee der Anarchie, wie in 3. skizziert, und ihrer Geschichte, beschäftigen, und ich will nicht, dass die so benutzt werden.

Dann stünde Frau Zeh für "parlamentarische Demokratie" und rücksichtslose Benutzung weltanschaulicher intellektueller idealistischer Minderheiten und (mit ihren Buchprodukten).
Da "freut" sich die parlamentarische Demokratie aber.

Beabsichtigt hat sie aber, wenn, natürlich eine andere Verknüpfung: Wer für parlamentarische Demokratie sei, müsse auch für Zeh (mit ihren Buchprodukten) sein.

Im natürlichen Zustand traut sich das niemand. (Schon gar nicht ohne Gewinnerwartung, macht man das nicht).

Ich armer Depp.

Ich hab über das Zeug jetzt nicht noch einmal nachgedacht, so schlimm wirds schon nicht sein.

Ich glaubs mir ja selbst nicht-kaum.

Ich will das nicht machen.

Schneid das Zeug hier hinten bloß rechtzeitig ab. Nicht dass da wieder so ein wirr wirkender, fehlerhafter Wurmfortsatz dranhängt. Wenn ich das Zeug aus Sicht der Hypnosewaffe zu früh hinten abschneide, dann wird sie eine zweite erweiterte Auflage dieser Broschüre aus mir heraushauen. Das werde ich dann ja sehen.

19330130

Schneid das Zeug hier hinten bloß rechtzeitig ab., Du armer Idiot. Halt bloß Deinen Mund.

Vielleicht sollte ich als letztes Zeichen meines Protestes noch einen absichtlichen "Tippfehler" auf den Umschlag layouten, "erpresserischer Stuhl" osä..

5.2. Verkaufszahlen und Kriminalitätsvorwürfe

(EVÖ 20170614 auf taz.de, spontaner Debattenbeitrag)

Ja, das deutsche Buchpublikum benimmt sich nach wie vor total daneben.

Den Amazon-Bestseller-Rang sah ich gestern auch nach, ist die schnellste Quelle, notierte mir dann etwas in die Richtung "hunderttausendfaches (Zahl geschätzt) zwanghaftes Kontrolllesen...

Der Sachzusammenhang, niederträchtiges Skandalprodukt - hohe Verkaufszahlen, war meiner Meinung nach schon bei "Geheimgesellschaften" von Jan van Helsing (oder so ähnlich) so gewesen, in den 1990ern wohl. Obwohl das erst nach seinem Verbot im Spiegel gestanden hatte.

Der Spiegel hat den Sachzusammenhang auch einmal mit Skandalrezension (so könnte man das auch lesen) und fragwürdigem Rassismus-Vorwurf an Christian Kracht ausprobiert.
Schön ist das nicht."

Sechstens: Weggelassen, herausgestrichen

Weggelassen, herausgestrichen, nicht mehr fertig bearbeitet unter anderem:

6.1. "Mord durch unterlassen"?
Eine Diskussion, ob man einem Medienkonzern selbiges uU vorwerfen könne?

6.2. Vielleicht will der Mediengroßkonzern M den Mord?
Verdachtsdiskussion. Bezüglich der Abbildung in Kapitel 1.1..

6.3. Selbsthilfe und Notwehr gegen "Paranoiker" oder "Psychotiker"
Diskussion, wie ich einen Mitarbeiter der SZ anschreiend könnte, wenn mir einer auf meinen Spaziergängen begegnete.
(...)
Ach ich sollte vielleicht einfach die Sonne genießen, und nichts sagen, außer: "Nein Danke". Auch nicht sagen: "Nein danke, ich bekomme eh kein SZ-Probeabo, ich stehe da auf irgendeiner schwarzen Liste oder so", dann werden die Lümmel bloß aufdringlich, "doch, jeder usw.", und es tut mir weh....

Sonne.

6.4. Klassischer Konkurrenten-Rufmord (an u.a. mir)
Gewissermaßen bin ich, und war immer gewesen, ja auch Journalist. Bloß nicht zu den Happy Few" gehörend.
(...)

6.5. Kurt Kister, der Proliferant
In meinen anderen Schriften behaupte ich einen "Man behauptet einen Müll um was erklärt zu bekommen-Betrugstrick."
(...)

6.6. Cui bono-Diskussionen.
Cui bono, die Fehldarstellung von Kister sowie Joffe?

Da stimmt was nicht.
Ich sollte gegen den Staat vorgehen und gehe gegen Medienkonzerne und Journalisten vor.
Da stimmt etwas nicht. Da ist irgend etwas richtig Übles drin im Staat, sagt mir mein Gefühl.

Siebter Teil: Ausblicke

7.1. Publikationsverbot, "Günther Deckert", "Günther Deckert" von links?
Es gab einmal, vor Jahrzehnten, einen Deutschen, der tatsächlich
Publikationsverbot bekommen hatte: Günther Deckert, ein NPD-Vorsitzender, der
notorisch so argumentieren wollte, dass die NPD im Prinzip das Gleiche wie die
CDU sei, was diese sich dann irgendwann nicht mehr gefallen ließ. Die Haftstrafe
wurde in ein Publikationsverbot umgewandelt.
(frei aus dem Gedächtnis referiert, o.G., in der Wikipedia stand einmal ein bisschen.)
Übrigens, werte Mitautoren auf keinverlag.de, Deckert war auch) Lehrer gewesen.

Auf Sarrazin-"Kritiker" (-Konkurrenten) anwendbar?
Die wenigen Anarchisten die es Deutschland noch gibt (siehe Fünfter Teil), sind nicht
die CDU, und haben auch nicht deren Anwälte.

7.2. Demokrazia Cristiana und Rechtspopulismus
Die italienische CDU-analoge Partei verschwand ziemlich plötzlich in der
Versenkung, zu kriminell geworden, glaube ich. *(frei aus dem Gedächtnis referiert,
o.G.).*
Der liberalkonservative Ersatzverein wurde dann stets als rechtspopulistisch von der
seriösen Presse eingestuft. Meiner Meinung war diese Modernisierung und
Säuberung aber sehr gut für alle Menschen in Italien.

Wenn mein Hypnosewaffenskandal also analog eine deutsche Volkspartei
vernichten würde, hätte ich kein moralisches Problem damit, und sähe auch keine
Gefahr fd Demokratie. Die kompetenten Ersatzvereine gäbe es sofort,
beziehungsweise gibt es bereits.
Daraufhin habe ich auch einen anderen, milderen Blick auf die AfD als die meisten
der linken oder liberalen deutschen Journalisten. Die sei nur unerfahrener, nicht
schlimmer als die CDU. Sollte ihre Rolle liberal von der CDU noch zu finden haben.

Andererseits kann es sein, dass die AfD von meiner Aktivität illegitim profitiert hat.
Wenn jemand davon *politisch* profitieren *soll*, dann grünlinke Parteien. Aber
eigentlich will ich persönlich, nicht politisch, davon irgendwann profitieren (müssen).

Ob politische oder beamtete Verantwortung fd Hypnosewaffenskandal, kann ich
nicht klar beantworten

7.3. Papageno-Syndrom
Papageno, ein Mensch mit einem Schloss vor dem Mund. Einem freien Land
unwürdig. Das "Schloss" kann natürlich durch ignorante, fachidiotenartige
Gerichtsurteile im Gehirn des Syndrom-Trägers symbolisch installiert werden.

7.4. Giftmordversuch qua Anspielung
Nicht ausgearbeitet, aber aus irgendeinem Notizenkapitel noch erahnbar ist das
Modell "Giftmordversuch qua Anspielung". Eine Person, die eine andere Person qua
Anspielung in die Psychiatrie betrügen will, und so weiter....

20170724: Habe ich sogar irgendwo weiterbearbeitet und weitererlebt, beschreibe
es aktuell als "induzierte Psychose".

7.5. Rolle der Literaturagenten
Ein sich sozial, verantwortungsbewusster linksliberal gebender Autor (irgendeiner könnte ja meine Meinung teilen, dass ich Öffentlichkeit dringend nötig hätte, m/w) kann heutzutage ja gar nicht mehr seinen Verleger anschreiben, dass und so weiter, wie es bis in die 80er Jahre wohl üblich gewesen war. Mit dem Verlag kommuniziert er ja über seinen Agenten.

7.5. Ergebnis dieser Broschüren
Das Ergebnis ist durch einen massiven brutalen Übergriff mittels einer funkbasierten Neurohypnose-, Hypnose- und Datenwaffenübergriffs auf mich verfälscht.

Meine Sätze sind teilweise nach wie vor ganz grässlich und verdreht, nicht das, was vorne stehen soll (hahaha!), steht vorne usw..
Ein Hypnosewaffensymptom. Hypnosewaffenoktroyierte grässliche Sätze, ich werde getrieben und bestimmt und blockiert usw.
Das war früher noch viel krasser gewesen, siehe SuIL 1, Vorbemerkung.

Ich bleibe bei meiner ablehnenden Haltung den Autoren (und Personen) Zeh, Trojanow gegenüber. Werde ich jetzt gestalkt werden?

7.6. Zurück zur Hypnosewaffenbeschreibung!
Zu Ende der Arbeit hin verschmelzen die beiden Aufgaben miteinander, diese literaturwissenschaftliche, mit deren Ergebnis ich nicht besonders glücklich bin, und die eigentliche, für wichtig gehaltene, die Hypnosewaffenbeschreibung (wie beispielsweise Punkt 4.5. zeigt).

Als nächstes folgt wohl "Sie und Ihr Lauschangriff 3", vielleicht schaffe ich es aber mal bis zu "frag den Staat" oder so etwas.

Ich werde für diese Publikation aus emotionalen Gründen wieder mein Pseudonym verwenden.

7.7. Schlusswort & Protestnote 20170715. 11 Uhr Vormittags.
Zur Zeit sehe ich gar nicht, darf gar nicht sehen, hypnosewaffenblockiert, was ich hier publizieren werde. Also werde ich es demnächst raushauen (müssen).
Wurde in der Nacht um ca. 1 Uhr 35 aufgeweckt & dann wachgehalten. Habe irgendetwas gearbeitet, ich glaube va. am Buchcover. Bekam ungefähr 1 Flasche Wein reingeschlägert. Durfte dann noch einmal ein wenig schlafen. (...). War einkaufen, Kartoffeln, Schweinefleisch, Kaffee, Sonderangebote, ... (...). Will meine Ruhe, auch bezüglich "(...)".

Bin strikt dagegen, dass so etwas jemals wieder mit einem Menschen gemacht wird.

(Reprise): Ich lehne beide Seiten als illegitim ab, die, die mich so benutzt, und die, auf die ich so gehetzt werde (Die "Merkelbriefgruppe", wie sie bei mir heißt).

Resumee:

- Erpresserischer Stil
- Geiselnahme-rhetorisch
- Instrumentalisierung
- Anspielung
- Bedrohung
- Trittbrettfahrerei und Hochstapelei
- Öffentlicher Druck
- Dementi
- Ein Thema besetzen (kompetent und inkompetent)
- Unlauterer Wettbewerb
- Hypnose

20010911

19330130

Vom Autor erschienen seit 2012:

Sie und Ihr Lauschangriff (Neurohypnose-, Hypnose- und Datenwaffe), von Marco Bsondermann, Paperback, 456 Seiten, Preis: 24,90 €, ISBN 9783000384127 oder ISBN 9781326027742.
(book on demand).
Selbst erlebt. „Ich habe eine Satelliten-(?)Funkpeilung mit Berieselungs-Funktion (Hypnose, Elektroschocks, Gedankenkontrolle, Lärm; optionaler Lausch- und Filmangriff) im Körper. [Ich armer hypnotisierter Depp. Mein armes Gehirn]" (Standardformulierung, „Schicht 5" der Hypnose- und Datenwaffenbeschreibung).

Sie und Ihr Lauschangriff 2 (immer noch Neurohypnose-, Hypnose- und Datenwaffe), von Marco Bsondermann, Paperback, 298 Seiten, Preis 18,90 €, ISBN 9781326410117.

Revisionsansinnen bezüglich des „Esra"- Verbots, Von Marco Bsondermann, Paperback, 44 Seiten, ISBN 9781291483208.

Wintersemester, Novelle, Von Marco Bsondermann, Paperback, 72 Seiten, Preis: 10,90 €, ISBN 9781291620078.
(Novelle-Arztwitz. Verfasst 2003/ 2004).

Vanessas Novellen, von David Wunderer (Marco Bsondermann), Paperback, 216 Seiten, 16,90 €, ISBN 9781326648930.

lese.lacy@gmx.de

www.ingramcontent.com/pod-product-compliance
Lightning Source LLC
Chambersburg PA
CBHW070111210526

45170CB00013B/816